西藏的阿嬷说

这是格桑花哟

看到它的人

会幸福的哟

凡你去处

皆为故乡

愿你所爱

喜乐安康

为什么要去拼命折腾啊

因为年轻

是啊，因为年轻，所以不能负了青春

更不能让青春负了自己

我总是记得

这一生，只能活这么一次

所以，要拼命

拼命做梦，拼命去爱

为什么不做梦呢

哪怕黄粱上的梦

也好过这空白一生

八点集合，江湖再见

只是因为我们都在

你们从天涯海角赶来

对于世界而言，

你是一个人，

对于某个人，

你是整个世界。

晚安，一个梦后见

在你心里安了家

从此哪里都是故乡

有些时光回不去，过去的就让它过去，人活着，总要向前看。把心事藏在心底，把往事留作回忆

那一年，行走在圣城——拉萨，走在这个地方，我心想：

这是不是那条叫作轮回的小巷，人们一走过去，就能回到从前

所有的过往都是现在，我们所苦苦寻求的都会回到原点；每个人都有过去，每个人都想回到最初，回到那个自己还小，父母还未老的年代

我们总是在长大以后，才知晓童年的快乐，我们总是在离开后，才知道故乡的美丽，我们总是在失去后，才懂得珍惜。这个世界上有没有一种叫作孟婆的汤，有的话，给我来一桶

愿每个孩子都能健康快乐地成长，而后用自己喜欢的方式过好这一生。愿我们都能永葆童真，看遍世间罪恶，仍能不与世同浊，对这个世界心存善意

她脚踏祥云，她面如菩萨，她巧笑倩兮地出现在我的生命中，就是为了让我知道，其他姑娘对于我来说只不过是浮云，也只是浮云

爱情有时候就像我们播下的种子，有时候没有在对方身上开花结果，并不是我们的爱不够多和不够好，而是因为你在他的土地上恰巧水土不服

走着走着就能找到自己，
穿过迷离的内心，你会
得到宁静

这一生，只活一次，我们不妨勇敢一些，爱一个人，攀一座山，走一条路，追一个梦，我们不妨勇敢一些

愿你也能过自己想要的生活

何东 著

北京航空航天大学出版社
BEIHANG UNIVERSITY PRESS

图书在版编目（CIP）数据

愿你也能过自己想要的生活/何东著. -- 北京 ：
北京航空航天大学出版社，2018.11
ISBN 978-7-5124-2821-8

Ⅰ. ①愿… Ⅱ. ①何… Ⅲ. ①人生哲学—青年读物
Ⅳ. ① B821-49

中国版本图书馆 CIP 数据核字（2018）第 219070 号

愿你也能过自己想要的生活

出版统筹： 邓永标
责任编辑： 曲建文　舒　心
责任印制： 马文敏
摄　　影： 许　谦
出版发行： 北京航空航天大学出版社
地　　址： 北京市海淀区学院路 37 号（100191）
电　　话：（010）82327034（总编室）　（010）82317023（编辑部）
　　　　　　（010）82317024（发行部）　（010）82316936（邮购部）
网　　址： //www.buaapress.com.cn
读者信箱： bhxszx @163.com
印　　刷： 艺堂印刷（天津）有限公司
开　　本： 880mm × 1230mm　1/32
印　　张： 10.5
字　　数： 238 千字
版　　次： 2018 年 11 月第 1 版
印　　次： 2018 年 11 月第 1 次印刷
定　　价： 39.00 元

目 录 | CONTENTS

第一章 光阴的故事

我们总是在长大以后，才知晓童年的快乐，我们总是在离开后，才知道故乡的美丽，我们总是在失去后，才懂得珍惜

第二章　另类大学

每个人都可以为自己活着，既可以活于现实里，又可以活在理想中，精神不死，理想不灭，生命不息，折腾不止

第三章　花样年华

她脚踏祥云，她面如菩萨，她巧笑倩兮地出现在我的生命中，就是为了让我知道，其他姑娘对于我来说只不过是浮云，也只是浮云

第四章　行走时光

一个人最远的行走，不是去到南极或者北极，而是走出自己内心的执念

第五章　过得刚好

世间风景万千，愿我们每个人都能漫不经心地走下去，无论在哪，都有归属，无论何方，皆可心安

第六章　有梦为马

曾有人问我，有人靠爱活着，有人靠信仰活着，你

靠什么活着？

我笑了笑说，靠梦想活着

认识何东不是偶然，但绝非虚构。

这个在爱中行走的小男生，用脚掌丈量自己的梦想，实在让我佩服。

他的简爱基金是一个以帮助全国在校大学生心灵成长为主体的公益团队。何东是创始人，最开始我有点不相信，还记得2017年在媒体上看到简爱基金《在爱中行走——行走海南》的报道，也看到那年暑假，他带着800多名志愿者历时20天，从湖南长沙出发历经西安—兰州—西宁—拉萨，这是他第九次带队出发，一路公益，一路化缘，走着走着，就走到了西藏，完成了他们的梦想之旅，让人羡慕。

坚持四年，带领全国数千名大学生志愿者公益行走九次，这个小个子男生作为领导者，实在是90后的榜样，我不得不对他刮目相看。

我曾在朋友圈问他，在爱中行走到底是干什么的？他自豪地说，在爱中行走是简爱基金发起的一个针对全国在校大学生心灵成长的公益项目，每期活动数百所大学中的数千名学生报名参加。

简爱基金是一个民间公益组织，成立于2013年1月1日，是何东、何亮、杨晨亮、李玉立、韩坤峰等人发起，是一个针对全国在校大学生心灵成长的公益组织，也是中国第一个青年志愿者心灵公益成长平台。目前总计发起大型心灵公益成长项目"在爱中行走"九次。主要利用寒暑假一边旅行，一边微公益，一边学习，一边成长，通过将背包旅行与微公益结合的方式传播简爱"从身边开始简单爱，让身边人影响身边人"的理念。在行走的过程当中外观世界，内省自身，然后成长自我！

记得有一次吃饭时，我问他，做这么一个吃力不讨好的项目，坚持这么多年，是为了什么？他笑了笑告诉我，主要是想为天下辛辛苦苦的父母去做一点点事，让他们安心；其次是在实现自己梦想的同时去推动大学生的梦想，然后让他们在青春里活出年轻人的样子。

人类因梦想而伟大，当我听完这些，忍不住给何东一个大写的赞。后来，我听说他在业余时间写了半自传《愿你也能过自己想要的生活》这本书，我想这样一个奇怪的男人，他的故事一定精彩，果然没有让我失望。文章让我几度落泪，这么年轻做着这么不平凡的事情却那么低调，真的不容易。他的善良，他的睿智，他通过自己的刻苦努力让自己的生命长河逆流而上川流不息，这正是当今社会所需要的正能量，值得每个年轻人学习。他对家人、对朋友、对社会的爱，对梦想的执著，对大地的敬仰，都值得我学习。

善良比聪明更重要这一点在他的身上表现得淋漓尽致。

我想每个人的一生，最怕的是明知这样的生活不是自己想要的，却没有勇气走出第一步。也许是因为年轻，何东才有这样的决绝，勇敢追寻属于自己的理想。谁愿意每天按部就班地生活？谁没有过走遍世界的梦想？如果你有，现在就走吧，像个英雄一样，走遍世界，寻找到最真实的自己，过自己真正想要的生活。

读读这本书吧，它会让你找到你自己。难道看了以上的故事，你不对这个小个子男人产生好奇吗？

何东朋友很多，我很庆幸自己是其中一个，我更庆幸有缘和这本书结缘。如果你真的想改变自己，行走在追梦的路上，此刻很迷茫很无助，那么来和何东做朋友吧。他一定懂你，这里有你想看的世界，这里有你想要的梦想。

最后，让我们脚踏大地，一起在爱中行走追梦。那疲惫的英雄梦想总会照亮前进的路。

莫愁前路无知己，天下谁人不识君。

我们共勉。

最后的最后，我祝愿每一个读者朋友，愿你在书中有所得。

祝好！

——作家苏乞儿

自序 ｜ 一个行者的诗和远方

　　很早就听过一句话：生活不只眼前的苟且，还有诗和远方。对于我这样一个在路上行走的人来说，这句话曾被我奉为精神上的圭臬。

　　我是一个青春活反了的人，大学读书时，没好好读书，游走在兼职、创业、公益、工作，以及去各地游学当中，读过五所大学，游学数十所学校；待毕业，又辞去工作，每年带着数千名志愿者走南闯北，最后隐身于江南某大学城，回到学校继续读书。至今，还浪迹在多所大学校园里。

　　前几天回老家，跟高中一个同学相聚，我送给她几十张全国各地的明信片，上面写了我自己的几首小诗。聊天的时候，同学说："你的生活总是那么诗情画意，毕业这些年，看你一直满世界走，我想你应该一直朝着自己的理想生活着，哪像我们这一辈子只能这样了。"

　　我笑着回答："我们都一样，只是各自的人生经历不同，你美慕我颠沛流离，我却美慕你生活安稳，所以都一样，好好活着，过自己想要的生活就行。"

　　我不是个诗人，虽然偶尔写几首诗，只是一直以来，自己的生活过得像诗一样：有时候是山水诗，有事没事到山水自然之间走走；有时候像朦胧诗，像风像雾又像雨；而更多的时候，生活像是近体诗，时而有点绝句，时而平平仄仄。这就有如人生，坎坎坷坷，时而悲伤，时而欢喜。

从小生活在乡间和田野边上，山间、蝉鸣、明月、松风、翠竹、村庄、冬雪和炊烟，四季流转中不断变换的自然风景，洗了我的眼，开了我的耳，润了我的心，我从小就生长在一个中国文人诗词中夹带着情怀和乡愁的故乡里。

所以，诗对于我来说，写不写皆可，因为都在心里；吟不吟也无所谓，因为本身就是生活，故只带着一颗多情的心行走于诗意人生就已足够。

我是一个好动之人，一直喜欢往外走，用脚步去追寻自己的梦想，不管天涯海角，一有伙伴邀约轻装简行就出发了。有时候是一个人，有时候是一群人。登山、临水、看海、踏野，访古镇、古寺、寻隐者，春来秋往，寒来暑去，年轻的时候，我把青春最美的时光安放在了路上。

后来不知是在什么时候，我开始安静下来，喜欢在路上慢慢行走，行走在自己的心灵里，无所谓人多的街上抑或人迹罕至的小道，我总能走在自己的世界里，安安静静地和自己对话，用心去感受天地的大美不言，和身边的一些自然生物对话，天空、大地、石头、小草、蚂蚁、蛐蛐，我都能在它们身上看到自己；万物皆有情，看得多了，心也就越来越柔软。

我喜欢远方，也向往远方，记得很久以前写过一首关于远方的诗歌，有事没事还会轻轻唱："我站在山上，想着山的那边，那里有我要去的地方，那里是我的远方，我要走很远很远的路，去见一个很美很美的姑娘，姑娘在那里等我，等我带她走天涯。"

远方、姑娘和天涯，那时就在我的内心深处。

后来，在湘西上大学，学校离凤凰古城近，有一个周末我和朋友去湘西凤凰古城游玩，参观沈从文故居的时候，随手翻了一本沈从文的书，读到其中一句话，顿时泪流满面，那是沈从文年轻时写给妻子张兆和情书里的一句话："我行过许多地方的桥，看过许多次数的云，喝过许多种类的酒，却只爱过一个正当最好年龄的人。"彼时，我正拼命爱着一个姑娘，我根本就不敢想象我已经离开了她，所以每每心痛之时我都喜欢四处游走，一心向外去寻找答案，借以逃避内心对她的思念之痛。

如今慢慢释怀，所有的痛苦都是自己的想象，你越逃避只会让生命越找不到出口，很多事，只有面对，才会过去。现在，对于我来说，做自己喜欢的事，过自己喜欢的生活，就是我一直所追寻的远方。

远方远吗？远啊，咫尺天涯。正如泰戈尔说："世界上最遥远的距离，不是生与死的距离，而是我就站在你面前，你却不知道我爱你。"

远方远吗？不远，天涯咫尺，一念起，万水千山；一念灭，沧海桑田。

远方，辞海里的解释是远处和远地，现在很多人说的远方，是指另一个城市或一个很远很远的地方。而我的远方和别人的远方有些不同，我的远方是自己要去的地方，是要去实现的梦想和要跋山涉水去遇见更好的自己，我的远方是在当下，是在明天，是在此时此刻我能回到内心深处和自己对话。

曾有友人问："你说远方到底有多远？"

我说："没有距离。"

"那你的远方呢？"他问。

我笑了笑答道："我的远方在心里，因为这个世界上，根本没有所谓的远方，所有的距离都是心的距离。"

"结庐在人境，而无车马喧，问君何能尔？心远地自偏。"大隐隐于市，小隐隐于野；身处熙熙攘攘的尘世，人很容易就在喧嚣的嘈杂之中迷失自我，很多人逃避现实的方式是走向远方，去一个没人认识自己的地方。可内心不定，逃入深山老林又如何？

如何能让内心宁静？退回自己的内心去寻找答案吧。因为真正的宁静，不是遁入山林古寺、避开车马喧嚣，而是在自己内心的世界里，修篱种菊；心不定，哪里都是远方；心若安，哪里都是故乡。红尘世事，愿我们每个在世间游历之人，都能带着梦，找到自己的远方，做一个心灵最自由的人。

愿以此书和你结一个善缘，也借此向你倾诉一个至今不愿长大的孩子关于成长和梦想的声音，江湖山好水好，愿我们有缘红尘相见，也愿你在自己的生活里，过着自己想要的生活。

最后送一句话于你：亲爱的，愿你轻车简行，一路阳光万里，你所走过的地方，遍地花开。

何东

2018 年 1 月于拉萨

第一章

光
阴
的
故
事

我们总是在长大以后，才知晓童年
的快乐，我们总是在离开后，才知
道故乡的美丽，我们总是在失去后，
才懂得珍惜。

笑问客从何处来

原本写完这本书的时候是没有这一章的。

写完之后我来回看书稿，翻来翻去总感觉缺了些什么，一种说不清道不明的感觉萦绕在心间。

今年端午节，我带着书稿踏上归家的火车，列车最终停在了一个叫作道州的地方，那是我的故乡。

站到家门口时，已临近中午。和往常一样，家里大门紧闭着，父母不在家，想必是到田地里劳作去了；我从门口杂物堆的一个旧鞋子里翻出了家里大门钥匙，放下行李后开始淘米做饭，看看时间，心想他们应该快回来了。

父母是地地道道的农民，勤劳朴实善良，他们一直生活在这个小村落里，守着他们的家，守着他们的子女，守着他们的家园，日出而作，日落而息。

果不其然，等我刚把米下了锅，父亲就挑着装满青草的簸箕，母亲拿着一把镰刀抱着一捆青菜，两人有说有笑地向家走来。

太阳很大，父亲见我站在门口，深邃的眼睛充满惊喜，对我温和笑道："孩啊，回来啦，啥时候到家的呀？"

看到父母疲惫的模样我快步向前接过父亲肩上的担子，看见他单薄的衣裳被汗水浸湿，不经意瞥见他头上的白发，一股不可名状的情愫从心底涌上来，我别过头把涌上鼻尖的酸楚和即将漫出眼眶的泪水强行压下，走进厨房回答说："刚刚到家。"

每个人来到世间，在纷纷扰扰的生命中穿行，或多或少会被遇上的人和事所磨砺，好的、坏的、恶的、善的都在不断地锻炼着我们，从而使我们的内心变得越来越坚强，人也会变得越来越圆滑世故。但再坚强和再世故的人，他的内心都有他的软肋，都有他愿意用生命去守护的东西。有人的软肋是初恋，有人的软肋是子女，有人的软肋是兄弟，有人的软肋是金钱，而我的软肋是我的父母。

自从外出学习和工作后，每年回家的次数屈指可数，每次回家的时间都不长，这一次也是如此。心中只想在此书出版之前，看看自己的父母顺便把书稿拿给他们看看，所以我仅在家待了三天。

临行离家的那天，我独自在村庄的小巷里穿行，随着记忆我沿着儿时走过的路在静谧的山村里慢慢地走着、感受着。每到一处熟悉的角落，我都会想起自己儿时和小伙伴在这里肆无忌惮奔跑的场景，儿时的自己无忧无虑，快乐得好像永远不会长大。

慢慢地走着，静静地回忆着，那一刻的我，内心无比的平静和快乐，我特地走到早已倒塌的老屋，看着昔日种下的竹子早已成林，阳光透过竹叶洒在倒塌的墙上，清风竹影，过往的岁月穿梭时光而来，我静静地坐在断墙残垣上回忆着，闭眼沉思的刹那，我仿佛回到了童年，这里的一草、一木、一砖、一瓦还是记忆中的样子，我看着自己推开厚重的木门，穿过堂前，看着儿时的自己在弄堂里和弟弟嬉笑打闹，年轻的父亲一边织着竹笼一边说:"跑慢点,不要急。"母亲静静地坐在一旁纳着鞋底……我在这里蹦蹦跳跳地长大,在这里肆无忌惮地欢笑,长着长着就远离了故乡。

我坐在家门口等班车,隔壁邻居家的几个小孩子在太阳底下嘻嘻哈哈地打闹着,一个小孩笑吟吟地跑到我面前盯着我,用稚嫩熟悉的方言问:"你是谁哦?你从哪里来?现在又到哪里去哦?"看着他天真可爱的模样,听见他的问话,心中浮现一首诗:"少小离家老大回,乡音无改鬓毛衰;儿童相见不相识,笑问客从何处来。"我笑着摸摸他的头,指着我家大门说:"我就是这个村的,我家就在这。"说完心里呢喃:我就是这个村的,我的家在这,我从这里长大,这里是我梦想开始的地方……

人生就是一条回家的路,不管我们走到何方,家都是我们内心世界无法遗忘和释怀的地方,因为我们的根在这里。

所有的过往都是现在,我们所苦苦寻求的都会回到原点;每个人都有过去,每个人都想回到最初,回到那个自己还小、父母还未老的年代。

有人说:每个人都有远方,而我知道我所要去的远方,是在当下,在当下让自己的生命在行走中变得更加笃定和从容;我们都想回到过去,而我知道,我所要回到的过去,是回到自己的内心,沿着成长的记忆,让自己的内心在岁月的长河中,沉淀得宁静而富足。

很奇怪,记忆中每一次从家乡返回城市,我的许多朋友,看见我之后都会跟我说觉得我和上一次见面时不一样了。起初我也诧异。后来才懂得,原来每次回家对我来说,其实也是回到内心,回到最初梦想开始的地方去汲取一种成长的力量。

难怪即使我完成了生命中对我来说关于梦想的一件大事,却始终一直觉得内心缺些什么，因为对于我这种恋家的孩子来说，家就是我行走路上躲避风雨的港湾，同时也是我能找到内在力量的修行场。

《金刚经》上说，迷时师度，悟了自度。我呢？不知道为什么，迷时就回家，回到自己内心，而后从内心觉醒，一醒来就找到了自己。

那时我还小，父母还未老

一

1989 年春天，我生于一个四面环山的小山村里，据村里老人说，我们镇因为山川秀丽，古时曾有仙人遨游夜宿于此，俗称仙子落脚之地，简称为"仙子脚镇"。而我们村因为四周环山嵌湖，溪曲河绕，有如神仙福地，再加上村里有座叫独山岭的大山，山上时常有和尚和仙姑来此行脚，故称"堡子岭"，寓"保佑子孙"之意。

父亲结婚晚，而立之年得的我，我们家里有三兄弟，父亲从小菩萨心肠，性格狂放和豪爽，也深得禅宗当头棒喝之道，所以从小我们三兄弟都是在父亲的庇护和棍棒之下长大。

以前我还经常想，父亲会不会是哪位禅宗高僧大德转世，对外乐善好施，助人为乐，对内尤其是我们三兄弟管教严苛、疼爱有加，一旦犯错便当头棒喝。

我家以务农为业，父亲和母亲非常勤劳能干，是村里农业大户，全凭父母一双手，整个村里父母每年种田地最多，养家禽最

多，种果木最多，产大米最多，酿的酒也最多。

穷人的孩子早当家，童年的我们平时白天上课，放学后拔草、锄地、放牛，周末上山下田各种农活无所不干，因此小时候经常心生嗔恨，为什么别人家的小孩周末能不下田劳作到处玩耍，而我们却要每天都干农活？因此我们三兄弟经常统一战线，为对方逃离某天的农活做掩护，一起祈盼老天爷能天天下雨福泽大地，这样我们就能暂得片刻休息。

我是在自然山水中长大的孩子，孩童时下河捕鱼、游泳、进山采蘑菇、摘野果、拔竹笋、上树掏鸟窝、下田抓青蛙、挖泥鳅等，这些事成为我童年里不可磨灭的记忆，伴随着我成长；后来在大学里遇见一个姑娘，她说我心中装着大山大河大自然，我也就心领神受了。

母亲勤劳善良，但少不了农村妇人省吃俭用、斤斤计较的特点，父亲完全相反，为人豪爽仗义，家里剩余一些什么农产品经常会拿给左邻右舍；平时父亲还喜欢和村里的叔伯换酒喝；记忆中家里总是宾朋满座，我也因此沾光，时不时被人夸我耳大前额宽，将来不是发财就是当官。

母亲还善手工，家里有台凤凰牌缝纫机，据说是母亲的嫁妆。从小我们家的衣服都是母亲亲手缝制，母亲还喜欢看书，她看书时会轻轻念出声，有点像和尚念经。而我现在读书也喜欢念出声来，尤其是读古典诗词的时候，这大部分原因是受母亲的影响。

小时候在村里读书，学校只有一间矮矮的房子作为教室，因为缺老师的缘故，一、二、三年级的孩子经常轮流上课；上课时我和同桌偷偷讨论葫芦娃和妖怪谁更厉害，下课和小伙伴一起打纸方块。春天的时候，我们会折一些柳枝做成头箍戴在头上，一起在长满青草的田埂上奔跑，夏天我们一早起床相约去田里抓青蛙和泥鳅，抓完青蛙会一起到池塘游泳，一游一个下午，有时候还跑到溪边偷看女同学洗澡……

流光就是这样，没长大的时候，盼望长大，长大以后，都会怀念自己的小时候，经历过一定世事的人都会越来越喜欢童年的样子，那时候的我们还小，那时候的我们哼唱着"青青河边草，悠悠天不老"，那时的我们天真无邪，内心纯净，那时候的我们一直相信，父母不会老。

现在身处闹市奋斗的我，在这个车水马龙的城市，想家想父母的时候，就时常静坐，静坐于水边、山间、路旁、城市广场和车水马龙处，时时坐着坐着就跑到自己的童年世界里遨游，那时的我还小，父母还未老。

天地悠悠，过客往来，人生一世，聚聚散散，身处浮躁的世事人间，总是离不开生老病死四个字。生老病死本不可怕，可怕的是在活着的时光里，没有好好享受当下，没有好好珍惜自己的每一段时光。

如今每次回家，看着父母头上的白发和他们日渐苍老的身影，心中不免伤感，岁月催人老，我不害怕自己老去，害怕的是我的成长速度赶不上他们衰老的速度，我害怕自己辜负他们的期许，害怕自己成为一个孤独的孩子。

有时候也会天真地想，自己没有长大该多好，这样父母就不会老去了。我多么希望这个世界上有一条叫作轮回的小巷，一走过去，就能回到从前。

好好珍惜时光吧，愿我们每个人都能遇见更好的自己，也愿每个人都能和这个世界结一个善缘，被这个世界温柔相待。

父亲白发了

一

我有两个弟弟：一个叫何西，一个叫何南，何南做事不喜欢循规蹈矩，于是他把名字改成了何海。

我叫何东。我们仨是一块长大的。看到这你可能会好奇地问，既然何东、何南、何西都出来了，那么何北呢？不瞒你说我真的问过我父亲，是不是图省事，才给我们取这个名字。

结果我父亲回答说："取东南西北，就是希望将来你们仨能走出我们这个小山村，在外面能干出一番事业来。这辈子把你们三个养大都够我折腾了，再来一个何北我老命就没咯！"

听见父亲这样说的时候，我是懂得的，可怜天下父母心，作为父母，他们这一辈子要为孩子操太多的心。

我们三兄弟小时候很调皮捣蛋，不喜欢读书，爱上树掏鸟窝，上屋顶堵别人家烟囱，和同学打架、逃课……没少让父母操心和头疼。

如今，我们三兄弟都已长大成人，读书的读书，工作的工作。但每次打电话回家，岁月好像从来都未曾变过，父亲总会像例行公事一样，郑重其事地叮嘱我们，出门在外要堂堂正正做人，不能丢祖宗的脸，不能做坏事，不要欺负人；而母亲呢？每每喜欢唠叨，要我们好好照顾自己，要按时吃饭，要早点带媳妇回家，没事的时候常回家看看……

我们就像庄子逍遥游里那只大鹏鸟，展翅翱翔于九万里长空，但是在父母心里我们依然羽翼未丰，好像永远也长不大。

印象里很多同龄的孩子，每每和父母交流时，都会嫌父母唠叨啰唆，而我呢，每次听父母唠叨啰唆的时候内心就充满幸福感，因为父母还在，我还有人看管着，我还能像一个孩子一样。

有时候我还会刻意把父母唠叨的声音录下来，出门在外，想家的时候，就拿出来听听，越听越懂得珍惜。

今天从猎猎成风的往事中，拾取那么一段关于自己成长的光阴说与你听，拿来下酒，你我宿醉一场。

二

有那么一段时光，我是一个非常叛逆的孩子，那段时间刚好是从山村到县城再到大城市，经历着初中、高中、大学这三个阶段。

大学以前，我是坏孩子的典型。染发、打架、斗殴、抽烟、喝酒、敲诈、勒索、赌博、文身、谈恋爱……

那时我经常被老师遣送回家，父母也是老师办公室里的常客，常常被请去"喝茶"。这种坏孩子形象一直延续到我高三的时候才稍微有点改观。

高二时我们班因为整体学习氛围太差，被学校强行打散重新组班，因缘巧合之下，在新的班级，我遇到一个改变我一生的姑娘。

遇见她以后，我有了很大的变化，说话不再满嘴脏字，总是想着怎么在聊天的时候提高幽默感；上课不再跷着二郎腿，而是正正经经坐着，装作全神贯注；下课不再和以前的哥们姐妹勾肩搭背，而是安静地坐着读书，故意把声音放大，以便吸引她；开始学会微笑，开始反思过去，开始要与我身上所有的坏习惯撇清关系。

也开始学会思考，一个好姑娘会喜欢什么样的男生？

我时常会想：应该没有姑娘会喜欢一个坏男孩吧，所以我要变好。应该没有姑娘会喜欢一个吊儿郎当、经常打架泡妞的人吧，所以我要变正常。应该没有姑娘会对一个不读书、没学识、不孝顺的人心生爱慕吧，所以我要变得优秀。更应该没有姑娘喜欢一个尖酸刻薄、斤斤计较，没有大度之心的人吧，所以我要变得宽容和睿智。

从那时候起，我开始懂得，要好好爱一个人，首先得让自己变得更好，变得更优秀，这样才能吸引到她，才能保护她和给她安全感。我在心里也暗暗告诉自己，我要变得优秀，要成为她喜欢的样子。

遇见她以后，我成为班上男生里最努力最用功的，成绩也开始直线上升。因为想想她，就有足够成长和蜕变的勇气，一看到她的笑，我就能立马披上盔甲去和自己身上的坏习惯战斗，未来不再不可捉摸，当时就一个念头，我要有足够的勇气站在她的面前，为她遮风挡雨。

这份信念和坚持，在此后的岁月里伴随着我，支撑着我在自己理想的世界里走了无数年。

这是我成长过程中的一个转折点，也是我新生的起点。即使后来我们没有在一起，我依然感谢她，是她化作天使，飞过我所在的天空，路过我的生命。

我把这段时光留在了梦里，梦中坦然所赴的刀山火海，锻炼出我一身武功，梦中领略的千般滋味，赋予我一身金钟罩，让我在后来风风雨雨的世间行走之时，不断给予内心勇气和力量，成为我精神上的原乡。

三

从 2005 年到 2010 年，在这五年的时光里，作为他们的儿子，我是不太负责任、感恩和孝顺的，直到现在我依然做得不是很好。

每个人都有属于自己的故事，再坚强的人，内心深处总会藏着一块最柔软的角落，轻轻一触，便可瞬间决堤。

记得小时候，我曾埋怨过父母把我带到这样一个不富裕的家庭里，不能给我想要的生活；我很羡慕有钱有势人家的孩子。

读小学时，父母在外面打工，省吃俭用下来的钱，供我们三兄弟读书，每年只有过年的时候，才会有新衣服穿，而我羡慕同学零花钱多，常常能穿新衣服，能买各种好吃的好喝的，于是我开始抱怨父母不够好。我觉得抱怨也是应该的。

初中的时候，因为经常和同学打架，多次被老师通知父亲把我领回家，父亲打骂我时，我心生怨恨，感觉全天下人都在欺负我。我觉得怨恨是应该的。

读到高中，我羡慕城里的孩子家里条件好，常常心生攀比嫉妒之心，放假回家经常无缘无故对母亲发脾气，动不动就对母亲吼。我也觉得这是应该的。

后来上大学，终于离开父母的掌控，开始拿着父母的血汗钱，买名牌，抽父亲舍不得抽的烟，花几千块钱买一台电脑整天打游戏，经常和同学下馆子吃饭喝酒，把逃课、睡懒觉当成习惯，过着不管现在、不思未来的生活，我也觉得没有什么，因为大家都这样，我这样生活也是应该的。

我一直觉得这是应该的，那是应该的，觉得自己反正还没长大，不管我怎样，勤劳善良、任劳任怨的父母都不会放弃我；反正觉得有父母养着，没钱的时候他们会给钱花；毕业后还可以让父亲托关系找工作；成家立业时，还可以让父母帮忙；反正他们能干，反正他们爱我，反正他们要为我负责，反正他们永远在我身边。他们的爱，给予我放纵自己和浪费青春的力量。

大二那年暑假，宿舍的一个哥们邀我们去他家玩，为了能迟点回家少干点农活我就去了，在同学家最开始的几天我玩得特别开心，同学父亲开着小车带我们四处逛，看电影、去农庄、下馆子、去 KTV，我们玩得不亦乐乎。记得有一天在同学家玩斗地主，玩着玩着突然想起家里还有那么多的农活，想着父母在太阳底下努力地忙活着，而我却为了躲避农活，在同学家吹着空调打着牌，突然内心就充满愧疚，于是就找了个借口提前回了家。

回家后，每天天还没亮就起床去田地里干农活，傍晚太阳落山的时候才扛着锄头回家。

有一天干完农活，父亲开着拖拉机带我们回家，我坐在父亲旁边，听着拖拉机轰鸣刺耳的响声，左张右望之际，突然就看见父亲被汗水打湿的肩膀上有一只蚂蚁在爬，我的目光顺着蚂蚁爬行的方向，经过父亲的脖子，然后再到父亲浓密的头发里，我用手拨开父亲的头发想把蚂蚁抓出来，就在拨开的一瞬间，我盯着父亲的头发怔怔出神，我看见黑色的头发中夹杂着许多白发，刹那间，我心里一阵绞痛，猛的一下子就红了眼睛，嘴角微微蠕动，泪水瞬间打湿眼眶，原来父亲有白发了。

一直以来父亲在我心中是一个神一样的存在，他耿直、善良、能干，他内心强大，他有担当、有魄力，他是我们全家的支柱。

记忆中，父亲活泼、幽默，是不老神童，是血气方刚的汉子，他不会老去，他无所不能。

而如今，在我心中无所不能的父亲有白发了，我却还这么不懂事，还让他这么辛苦。

回校后，我把电脑上的游戏统统删了，开始去做一些自己以前都看不起的事：像曾被我骂过的书呆子一样宅图书馆，半夜的时候在走廊上借着路灯看书，周末的时候去做几份兼职，上课的时候坐最前排，不再每天和朋友嘻嘻哈哈、打打闹闹荒废人生。

看我突然努力读书，朋友们都觉得我变得有点不正常，室友小强甚至还摸着我的额头问我是不是碰见鬼了，同学投来异样的眼神，谁都不清楚平时大大咧咧、浑浑噩噩、没心没肺的我，为何在暑假过后态度转变如此之大。

是哦，父亲白发了。

四

很长的一段时间里，我一想到父亲的白发，就会伤感；一想到父亲的白发，就斗志昂扬。

2012 年端午节，我回了趟老家，坐着看母亲包粽子的时候，我跟母亲说："妈，你有一根白发了。"母亲笑着让我拔了下来，我偷偷地拿着白头发仔细地看着，多希望在这一根长长白发里能看出些什么。

看着看着就伤感起来，古人说一夜白头是因为愁，那母亲这根白头发是不是因为她为子女担忧、操劳所致。

这一根白发沾染着世间风霜、承载着她的子女顶天立地的使命，这一根白发是她这一世任劳任怨、勤俭持家的佐证，这一根白发是她此生拼尽全力相夫教子的象征。

这一根白头发仿佛在告诉着我，"孩啊，母亲老了，已经尽心了，后面的路你自己走"。

父母总是期待着：小时候他们等我们长大，长大后，他们又等我们懂事，待到懂事的时候，他们再等我们能成家立业，给他们生个胖孙子。

可等我们真的长大了，像一只鸟儿一样飞出去的时候，我们却开始等了，我们说等有时间，要多回家陪陪父母，我们说要等忙完工作，要好好孝敬父母，我们说等有钱了……

等着等着，父母就慢慢老了，等着等着，生命就会留下太多遗憾；这世间有一种苍凉，叫来不及珍惜，有一种悲哀，叫子欲养亲不在，而有一种遗憾，就是等我们懂得回头的时候，岁月早已不是当初的模样。

2012 年暑假，我徒步去了雪域高原西藏，所到之处，四处可见屹立了千年万年的雪山，雪山是藏民心中的神山，在这片神奇的土地上，世世代代守护着她的子民。看着这白茫茫的雪山之巅，我想起铮铮铁骨的父亲在岁月的长河中，拼尽全力守护着他的孩子们，耗尽一生心血，从壮年到白发。

从西藏回来后，2012 年最后一天跨年之际，我给父亲打了一个电话，哽咽着诉说着这些年自己的不作为，挂完电话后，我在微博发了条动态："2013 年何东一定要有新气象，成立一个叫作简爱基金的公益组织，理念就是从身边开始简单爱，从身边人影响身边人。"

随后我参与雅安地震的募捐活动，募捐结束后我发起了全国第一个针对在校大学生心灵成长的公益项目"在爱中行走"，就是想以一己之力在天地间为那些辛辛苦苦的父母立起一道南墙，让那些在青春里迷路的孩子，撞得头破血流之后，能够静下来，把青春安放之后，能够回头，回头去看看那早已鬓白的父母。

那些时光，有如天堂

2017 年国庆节，正逢父亲生日，我和弟弟一起回了一趟老家。

回到家那天，已经临近下午，刚刚把行李放好，就被父亲兴致勃勃地带着去了家里承包的果园采摘板栗，走在路上的时候，父亲说知道我们回来，树上的板栗是特地为我们留的。

青山不改，绿水依旧，家乡晴朗的日子，天空格外蓝，走在熟悉的小道上，满眼是家乡的山山水水，郁郁葱葱的青山，枯黄的田野，静静流淌的溪水，父亲在前面带路，两个弟弟在前面嬉笑打闹着，看着这一幕，过往的岁月慢慢涌来，我想起许多童年时光。

记得小时候我们也经常这样，父亲和母亲在前面挑着簸箕，我们三兄弟扛着锄头，跟在他们后面去山上忙活。每次如果提早收工，父亲就会带着我们在小溪旁，用簸箕抓鱼、抓螃蟹和挖泥鳅。

小时候的我特别调皮，每次周末的时候，就祈求老天下雨，为啥周末祈求下雨呢？我想，出生农村的孩子应该都知道，只有下雨天的时候，才不需要外出劳作，也就意味着不用出去辛苦干农活，更意味着可以聚集小伙伴一起捉迷藏、弹弹珠、打方块、叠罗汉，小时候普普通通的游戏填充了我整个童年时光里的记忆，至今我都依然时时梦回童年。

来到山上，母亲马上忙活起来，看着熟悉的山林，询问父亲，才知道，这片果树林，我们已经种了十年。十年的时间，昔日的小树早已参天，结下了丰硕的果实，而父母也渐渐老去，而想想自己，如今已经二十好几，却依然像个永远长不大的孩子，嘻嘻哈哈的活着，无忧无虑地漂泊在外，依然还要父母担心。

我在树林间穿梭，耳边是清风和鸟鸣，看着弟弟爬在树上嘻嘻哈哈地笑着，用竹竿敲打着树上的栗子，父亲和母亲在树下，不断地叮嘱让他小心。阳光从树梢洒入丛林，印在斑驳的地上，四周一片安静，清风拂面，蓝天白云在天上静静的飘着，那一刻，我突然懂得，最好的时光就是一家人团聚的时光，最幸福的日子就是还能在他们身边陪伴，陪伴渐渐老去的父母一起在阳光下劳作，和他们一起种种豆子、摘摘果子、采采山间野菜，听听他们的唠叨。这样的日子，细水长流，平平淡淡，这种团聚无疑是天堂一样的时光。

岁月如梭，小时候看似平常的事，等自己长大了，却变得弥足珍贵，如今再想好好珍惜，已经完全不那么容易了。看着一家人在一起说说笑笑，我多么希望时光能慢点儿，慢到我不再长大，父母不再变老。

从山上回家时，看着父母脸上的笑容，我告诉自己，人生的每个阶段，都有自己成长的轨迹，不管我们人在何方，所有的过往，在时间的无涯里，皆已不再重要，唯有现在拥有的，才是真正珍贵的。

对于爱和幸福，唯有好好珍惜，才能快乐地活在当下，愿我们每个人都能活在自己想要的时光里，平平安安。

谁念西风独自凉，当时只道是寻常，现在想想，那些平平淡淡，团团圆圆的时光，有如天堂。

下辈子，当一次父亲的父亲

我把眼睛望到了天上
看到了天，天便是我的
看到太阳，太阳便是我的
看到星星，星星便是我的
看到了月亮，月亮便是我的
你曾亲吻了那个不知名的女子
那名女子，便是你的
后来
我不知道为什么来到这个世上
看到了你，喊了你一声爸爸
你便是我的
你开心流着泪应了我一声
我便是你的

——题记

一

儿时的印象，是你背着我走出了大山，走山路的时候你告诉我："孩子，人生很多时候就像山路蜿蜒崎岖，爬的时候会很累，但爬过这座山，就是外面的世界，那里车水马龙，高楼大厦林立，爬过这座山，外面的世界，你都能看见，爬过这座山，就是远方。"

你教会我写字，我记得最初写的第一个字，不是爸，也不是妈，而是你用你那瘦弱的手歪歪斜斜的写出一个东倒西歪的何字，然后告诉我："儿子，这是你的姓，不能忘！"

是你拉着我的手，把我送进村里那个破破的学校，入学的前一个晚上，你笑着告诉我："儿子，你明天就开始上学了，在学校要听老师的话，好好读书，将来才会有出息，爸爸没啥文化，你要努力读书，然后读大学，做个有文化的人，将来就可以进城，还可以娶个好媳妇，挣大钱带你妈到城里去生活。"

二

小时候的我很调皮，上房能揭瓦，下河能摸鱼，每次我闯了祸都是你帮我解决。记得有一次和小伙伴玩火差点把邻居家房子点燃，邻居揪着我的耳朵把我带到你的面前一个劲的说我调皮捣蛋不学好，将来没出息；你当着邻居把我狠狠揍了一顿，而后对着邻居说："该打也打了，该道歉也道歉了，我的儿子，有没有出息，不用你操心，你家有什么损失我来赔，小孩子不懂事，不代表将来不成事，我们都是大人，肯定比小孩子懂事，所以留点口德，不要以偏概全。"

你严格，你慈悲，对我从来都是帮理不帮亲。还记得有一次和同学合伙做小生意，因为小伙伴的斤斤计较，我偷偷地藏起了一些东西，回来后向你炫耀我多聪明的时候，你把我狠狠地揍了一顿，严厉的告诉我："做人做事要光明磊落，我家的男儿要有骨气，要堂堂正正，不能占人家便宜，多吃点亏也没什么事，你父亲我一辈子吃亏，但照样比别人优秀，投机取巧，从来成不了大事。"

而后，我一直带着你的叮嘱和殷切的期望走进大城市奋斗。

日子一天天地过，时间像流水一样，你的话仿佛还在耳畔，而我走着走着就长大了，而你活着活着就老了。

如今，交通发达了，不用再爬山路，坐个车，一下子就能来到城市。

如今，你的儿子如你所说，走出了大山，如你所说，看到了外面的世界，也如你所说，我们的姓，这个"何"字一直都没忘却，一直都记在心里，深深的篆刻在那。再后来，还如你所说，读了点书，学了点文化，走出了大山，看到了外面的世界，也找到了媳妇。我们朝着自己想要的生活努力着，为梦想奋斗着。

每次给你打电话的时候，总说要多回家陪你喝点小酒，说了许多次，每次都没回；每次你和我打电话，从来不会责备我很久没有回家，只是笑着告诉我，儿啊，家里桃子熟了，梨子熟了，枇杷熟了……

而我每次都是牵强地回答说："爸，帮我留着，过几天就回。"却每次都放了你鸽子。

傻爸爸，你后悔了吧，你总说男儿立志走四方，要你儿子勇敢地去做自己想做的事，过自己想要的生活。

俗话说有了媳妇忘了娘，你儿子是有了梦想就忘了爹啊。

傻爸爸，不开心了吧，你陪伴我慢慢长大，我却没能好好陪你慢慢变老。

傻爸爸，辛苦了吧，本来说好家里的四个爷们保护妈妈，而现在陪伴在妈妈身边的只有你一个。

傻爸爸，下次想俺了就说，不要每次都说家里的东西熟啦，你说的，男人不找借口。

傻爸爸，每次一想起你送我离家时转身的背影，想起你每天辛苦劳作的样子，儿子就不禁眼泪浸湿了眼眶；哎，都是读书读出来的伤感。

傻爸爸，有你我是幸福的。

这个世界多少人早早没了父亲，而我还有你。

这个世界多少人有着"子欲养而亲不待"的遗憾，万幸，我有你，有妈妈，还来得及好好珍惜。

傻爸爸，你说让我好好读书，我读了；你说要儿子去外面的世界看看，我也看了；你说让我努力上大学，我也上了；你说让我找媳妇，我也找了；你说做个好人，我也在努力做了。

最后，我想和你说几句话，希望你也好好做到：

少喝点酒，不是不让你喝，是少喝。为啥？将来孙子的姓你还得教，是不是？酒喝多了，字写得歪歪扭扭，孙子都看不清，会笑话你的，咱不能丢脸不是？

少抽点烟，最好少抽，尽量不抽。为啥？将来孙女看着她爷爷的牙齿会好奇地问："爸爸，爷爷的牙齿黄黄的，还经常咳嗽，好不爱干净啊。"最爱面子的你，绝对不能在孙女面前丢脸，是不是？

现在我也经常在你的儿媳妇面前夸你："我家老爸，可好了，勤劳、善良、勇敢，你男人身上的优点，都是继承他的。"这样的话，您老就更有面子了，是不是？

好好照顾身体，您和妈妈身体健康，出门在外的儿子们才放心，才能天天开心。儿子们开心了，您老心情就好了。以后还得多辛苦您，带您的孙子们去爬山，跟他们讲您年轻的故事，讲您儿子小时候的故事。然后多教导教导这些小兔崽子，不能让他们在外面学坏了，是不是？

三

曾有人问我说，何东，如果真有下辈子你最想做什么？我想都没想就说，下辈子要做一回我父亲的父亲，说完他们哄堂大笑，而我说的是真的。

傻爸爸，如果这个世间真有来生，我多么希望在下个轮回之时，让您和老妈做一回我的子女。

我要送你们进最好的学校，上最好的学；我舍不得吃的，都让你们吃，我舍不得穿的，都让你们穿，挣的钱我舍不得用，都让你们用；让我为你们挡风为你们遮雨，让我成为你们的山，成为你们的水，成为你们爱的港湾。

让你们也读大学，也在大学里意气风华，青春绽放，让你们也能说，世界这么大，我想去看看，让你们也泡妞、追帅哥，让你们也幸福成长，做自己喜欢做的事，听自己喜欢听的歌，走自己想走的路，去自己想去的地方。

傻爸爸，如有来生，让我做您至爱的爸爸，您是我无比疼爱的儿子，我要您体验被爱的感觉，要您尝尽我的宠爱，要您去遍世界最美的地方。

回首往事，时光如梭，须臾之间我就已经长大，过往的岁月就如同做了一场梦，醒来，岁月早已不是当初的模样，现在每次回家看到您日渐苍老的背影，我多么希望自己是那个永远长不大的少年，这样您就不会老去。

傻爸爸，因为有爱，青春不老，**谢谢您陪着您的孩子们长大**，**谢谢您出现在我们的生命当中**，**谢谢我们今生的这一次相聚**。

我有一个装满大爱的旅行箱

一

我有一个旅行箱，每次从外面回家时就带回几件衣服，等到要离家时，旅行箱就会被塞得满满的。

每次收拾行李时，母亲会说："孩啊，把家里的瓜子花生带一些，没事多吃吃，城里的东西贵。"我笑着点点头。

父亲说："外面牛奶贵，我和你妈妈又不喜欢喝牛奶，你把那箱牛奶也带上。"我笑着点点头。

"哦，对了，家里前几天姥姥还给了些橘子，味道非常不错，也带几个？"妈妈问，我还是笑着点点头。

父亲对母亲说："蠢婆子，多给他装一些辣椒豆腐，他最喜欢吃了，哦，还有干萝卜也都带点。"父亲看了看我，我依然笑着点点头。

我静静地看着他们忙碌，心里无比温暖和感动，脸上却强装着云淡风轻。

"咋买这么小的一个箱子呢，装点东西就满了。"父亲问我。

我说："都差一点就把你儿子我装下去了，还小啊。"

突然，帮我整理行李的妈妈，快步走进厨房，边走边嚷："差点忘了，差点忘了。"说着就从厨房里拿出一串粽子说："你女朋友喜欢吃，也带上几个。"我笑笑说好。

父亲接着说："还有红薯粉、板栗、龙眼，都带上一些，外面的水果贵。"我继续笑着点点头。

最后，因为要带的东西太多，行李箱根本放不下，各种特产瓜果像士兵一样，围着旅行箱排着队，等待着我的检阅。

我笑着指着成堆的东西问母亲："妈，您赶紧帮我整理整理，好好收拾一下，凭您的勤劳能干的慧手，把这么多东西装进旅行箱肯定不在话下。"

然后又笑着问父亲："爸，您看看您儿子胳膊短手短的咋能提得了这么多，当初您咋不多给我补补，让我长得牛高马大？"

母亲说："蠢崽。"

父亲对母亲说："不跟他废话，让他多带些还嫌弃，你帮他都装进箱子里，装不下的就用麻袋，外面的东西哪有家里的东西好吃。"

看着父亲快生气的样子，我赶紧笑着说："嗯，妈，您帮我带些家里的农产品就行，牛奶龙眼这些您儿子会买，其他的，妈您给我拿个麻袋都装着，待会我还要装下您的唠叨和爸爸的叮嘱。"

于是，几乎每次和我一起结伴出门的小伙伴都会看我提着大包小包，我生怕自己这土包子的样子，影响他们轻装上阵的形象，每次我都会故意对小伙伴说，都是我爸妈非要我带，你们知道我爸的脾气，如果不带上的话，我就会被上思想政治课。

小伙伴都习以为常，因为他们早已习惯我每次出门的形象，而我也习以为常，每次都感觉特别快乐和幸福，感觉自己身上带着的不是行李，而是带着一份沉甸甸的爱。

行李虽然重，我愿意提着，唠叨虽然多，我愿意听着，叮嘱虽然反复，我愿意记着，就像生命中，有着一些关于爱和责任的包袱，哪怕重，我都愿意背着。

在这熙熙攘攘的世间，有些人表达爱，是用物质，有些人表达爱，是用金钱，而我的父亲母亲，则是用他们内心最朴实的关怀。

二

今年刚过完年，我从家里提着大包小包行李回到城里，好兄弟鑫哥开车来接我，拿行李的时候，鑫哥好奇地盯着我的旅行箱问："何老东，你这旅行箱上，怎么有这么多的'正'字，还标注着一些数字？"我笑笑说这是我用来提醒自己的，箱子上的每个正字的每一划，代表着我这些年回家的次数，笔画上的小数字代表着我回家的天数和离家的日子。这样的话，每次不管我在哪，出门多久，我都能清晰地知道自己有多久没回家了，而每次想家的时候，看看这个行李箱的数字，想起他们每次在我出门时给这个箱子塞满行李的场景，这样我就能感觉自己离家近一点了。

很多时候旅行箱上的这些数字也时时刻刻在提醒我，何东，走得再远，你要记得回家的路。不管在哪，要记得你还有一个家，不管有多忙，你都要多回家陪陪父母。

不为别的，就为自己已经长大，不为别的，就因为父母老了。

我们慢慢长大，在外面的世界闯荡，很多时候带着一个旅行箱走天涯，带着一个旅行箱在外面的世界打拼和追求梦想，对于年轻的我们来说一个旅行箱就能把我们全部的家当带上，旅行箱就像我们小小的一个家，它装着我们的秘密，承载着我们的希望，见证着我们的辛酸，也同时陪伴着我们成长，尤其是很多夜深人静的时候，也只有它默默陪伴。

每次出门，母亲总是会往箱子里和我衣服的袋子里撒一些家乡的米，记得第一次看见母亲往旅行箱内放米，我就问过母亲为什么? 母亲说，别小看这几粒米，它能保佑你在外面平平安安，同时也保佑你工作顺利，出门在外有饭吃。

每次看见母亲往旅行箱内撒米时，我就笑笑说："妈，真迷信。"母亲摇摇头说，蠢崽。

爱就是如此，无关乎是否迷信，是否对错，是否科学，爱就是爱。

孤独在外的孩子啊，要记得时常回家看看，因为不管走多远，我们始终都走不出父母的内心，不管我们身在何方，也始终离不开他们的牵挂; 更因为，我们是父母的期望，而父母却是我们的故乡。

每个人都有一个叫做故乡的地方

无论我们走的再远

请记得多回家看看

第二章

另类大学

每个人都可以为自己活着，既可以
活于现实里，又可以活在理想中，
精神不死，理想不灭，生命不息，
折腾不止。

带梦行天涯

一

对于从小看金庸老师作品和武侠剧长大的男生来说，每个人心中应该都有过一个梦，一个携美而行、仗剑天涯的侠客梦。

记得小时候，每次看古装剧，我都盼望自己成为故事里的主角，希望自己麻溜长大，然后背着书篓，腰挂长剑，行走江湖，行侠仗义。

年少的我，就带着这样一个梦慢慢成长，拉帮结派，打架斗殴，敲诈勒索，抽烟喝酒，赌博耍流氓，捏女同学小脸蛋，掀小姑娘的花裙子，那时的我，调皮捣蛋的事就没少干。

年少时，我还喜欢好管闲事、逞英雄，记得五年级的时候，喜欢的女孩被人欺负，我就约欺负她的男生到篮球场进行决斗，结果因为身材矮小，被对方揍得趴下。有时候班上的同学被欺负，我虽然力不济，却爱强出头，结果同学跑了，自己却被揍得鼻青脸肿。

村里有一户人家经常欺负老人，于是和小伙伴偷偷堵了他家烟囱，结果被对方发现，我也是第一时间站出来把事担着。

村里有个老奶奶靠在田里捡谷子和破烂为生，很多次我偷偷从家里拿米放到她家门口。结果因为送的太多，有一次被母亲发现，狠狠地骂了我一顿。骂完以后母亲从粮仓里装了一包米给老奶奶送去。

从那时开始我就懂得，女人是复杂的，嘴硬心软，慈悲心肠。

虽然因为自己的好管闲事，经常惹上许多不必要的麻烦，也会受到许多委屈。但每次都感觉自己像个英雄侠客，因为电视剧里所有侠客小的时候都是个爱调皮敢捣蛋的。

慢慢长大，虽然一直幻想着成为一名侠客，但却从来没有像电视剧里的男主角，某一天突然掉进传说中那个有着九阳真经的猴子洞，走出来就身怀绝世武功。

没有绝世武功就劫不了富，也济不了贫，渐渐的连路见不平，也会被人冤枉，于是有一段时间，我变了，变得很自卑，变得自暴自弃，变得阴阳怪气，变得不爱说话，变得看见熟人就躲躲闪闪。而心中的那个侠客梦，也因为在许多外在的声音中，慢慢不敢谈及，这些声音让我在追逐梦想的道路上，焦躁、困惑和不安，我迷失了方向。

回首成长的路上，我们或多或少听过很多这样的声音：

"穷人家的孩子别谈梦想，好好读书，上大学才能出人头地。"

"好好学习，多多考证，多拿一些证，才能有好的出路。"

"读书没什么用，大学里学不到什么，还不如早点工作。"

"好好泡妞，大学不谈恋爱等于白读了。"

"谈什么梦想，男人要有钱，就什么都有了。"

"做人要现实点，你不现实，社会上你就混不开。"

“梦想又不能变钱，要好好工作，工作卖力才能升职，梦想要留着以后实现。”

“做生意就是这样，利益最大化才是我们最大的梦想。”

……

而我的内心告诉我，我要做一个侠客，行走江湖，按自己的想法活着。可立马就有另外一个声音说：侠客？你不成家不立业不买车不买房啦？你连自己都照顾不好，侠客给谁看？做人还是得现实点，成功才是王道。

听多了不同的答案，最后只留下一个孤独迷茫的孩子，在青春里四处寻找方向。

二

从小到大，在我们的周围，几乎很少有人和我们谈理想，尤其是像我们这种从农村出来的孩子，生来首先要面临的就是温饱问题，而后是要改变落后的家庭条件，实现父母没有实现的愿望，我们要努力挣钱，要娶妻生子，要买车买房。

俗话说穷人的孩子早当家，早当家的意思就是我们得过早的扛起生活的重担，提前担心柴米油盐酱醋茶。在残酷的现实面前，在他人的质疑和自我的否定之间，内心脆弱的人很容易屈服现实，渐渐地就会放弃梦想。

我很庆幸这辈子有一个好父亲，他虽是一个地地道道的农人，但他用瘦弱的身躯和一双勤劳的手，给了我整整二十年的自由光阴。因为长得小胳膊、小鼻子、小眼睛、小嘴巴，所以横看竖看上看下看，都看不出高人一等。却始终如他一般，踏实善良，勤劳朴素，虚心谦卑，骄傲的活着。

我从六岁开始上学，到现在按自己的想法活着，已足足有二十年的时光。

在这二十年的时间里我独自行走在自己的内心世界，从来不需要担心来自工作和家庭的压力，父母从来都是一句话，按你自己的路走就好，我们不可能陪你一辈子，你的人生我们不干涉，只要你活得开心。

我就像庄子《逍遥游》里的那只大鹏鸟，翱翔于自己的九万里长空，俯瞰博览祖国大好河山，累了就飞回家，汲取一点内在的原动力，然后继续背井离乡，去追逐内心那遥不可及的梦想。

记得 2014 年，一个朋友得知我还在四处流浪、到处蹭课，打来电话询问我什么情况。我就告诉他我正走在自己梦想的路上，按自己的想法生活着，四处游学，每年都可以去到不同的地方，认识不同的人，体验不同的文化，然后去看看学校与学校之间，学生与学生之间究竟有着什么样的不同，也以此来丰富自己的生命体验。

结果他含蓄地把我奚落了一顿，说要考虑自己以后的人生，梦想不能当饭吃云云。

我听后一笑，这些年，奚落我的人，又何止他一个，取笑的话，又何止他说的那一些。可我自己人生的路，我想过的生活，我要成为什么样的人，试问，除了我自己以外，谁还比我明白？

其实游学这个念头，源于 2010 年，那年我刚上大二，有一天我走在宿舍的楼道里，看着那些熟悉的同学，几乎每个人都在电脑面前敲着键盘、打着游戏，看着电影，我想想自己大学一年多来也是如此；悲从心来，于是我问自己，我们读大学究竟是为了什么？是不是只有我们学校的同学这样？还是我的大学我的青春就应该如此？是不是年轻人就应该在无尽的迷茫中耗费青春？是不是我们的这一生就这样算了？毕业后找份工作，踏踏实实朝九晚五，运气好升个职，然后娶妻生子，日复一日上班下班，这样过一辈子？

那天我反问自己的时候，内心有股力量挣扎着发出声音："不，我不要这样的生活，我不要这样的一生。我要做自己想做的事，我要去自己想去的地方，我要见想见的人，我要实现自己浪迹江湖的侠客梦，我要去改变，我要给自己的人生一个答案。"

就这样，从 2010 年开始，我背着行囊，带着一麻袋书，开始行走在自己游学的路上，从一个学校到另一个学校，从这个城市到那个城市，少则一两月，多则一年，一走就是四五年。

我曾听着黄浦江上缓缓的流水声睡过上海的外滩；我伴着自己的呼吸声，住过同济大学附近的天桥和小旅馆；我听过姑苏城外寒山寺的钟声，聆听过钱塘江的潮涌，也曾走在浙江大学的校园里，看着灯火通明的图书馆思考过自己这样行走和奔波是为了什么。

后来又北上寄宿在朋友不到五平方米的小房子里，一个人穿行在偌大北京城里，思考过历代王朝的更迭，睡在天安门广场等待升国旗，也坐在西单女孩的旁边听她为过往的行人唱《天使的翅膀》，最后在中国传媒大学待了数个月，也参加过北京大学和清华大学的社团活动。

而后南下，到过广东、广西、云南、四川，最后回到湖南，回到大学拿了毕业证，继续流浪至长沙，先是住在一个推开门就能看见岳麓山的小旅馆里，门前一条小路直通岳麓书院。出门右走是中南大学，左走是湖南大学，我在此地蹭过两个学校的课，听过各种讲座，结识了无数朋友。岳麓山上常常有我们的琅琅读书声，岳麓书院的门口时常是我静坐的地方，每每抬头就能望见"惟楚有才，于斯为盛"八个大字。这里的同学说我很神秘，知道我是谁，但不知道我来自何方，又要去往哪里。

现在我在南方一座小城的一个大学里，我在这里待了将近三年，在这段时间里，我在这里上课下课，在这里读书学习，在这里开了自己的小店和公司，我在这里遇上了我的姑娘，我在这里结识了我的一群兄弟姐妹，在这里成立了简爱基金，发起了在爱中行走项目和 Newth 新青年，每年以自己的方式，影响着成千上万的弟弟妹妹。

我也是在这里成为自己，在这里找到自己的使命，在这里发愿让天下的父母因为有我在，而能够安心一点点。

回首过去，往事历历在目，过往的点点滴滴都在往事中忆起，回望来路，我感激那个时候做出决定的自己，让我把最美的青春安放在了路上。

记得在同济大学的宿舍里，朋友石头对我说："你的生活很理想，你说你靠理想活着，你来到了这里，如果五年后，你还能坚持做自己我就佩服你。"

嘿，石头，你看到了吗？何东在路上，在理想的路上，一直走着，我要的不是你佩服，我想告诉你的是，每个人都可以过自己想要的生活，每个人都能活成自己喜欢的样子，每个人既可以活于现实里，又可以活在理想中，精神不死，理想不灭，生命不息，折腾不止。

三

这些年，我走遍了大半个中国，从南到北，从东到西，行走的路上我挣扎过，迷茫过，迷失过，害怕过，被人打击过，遭人拒绝过，到过中国最想去的地方，看过最黑暗的地方，经历过最无助的时光，但凭着内心对理想的坚持，我一直走到现在。

人世的浮华，没有磨掉我内心的棱角；世态的炎凉，没有让我感觉世间的黑暗；路上的坎坷曲折，没有让我停止前行，这一切的发生反而有助于我，不仅磨砺了我的心智，更让我懂得很多人生道理。让我愿意成为黑暗中的萤火，散发自己的光芒，给这个世界一丝光明。

我更爱这个世界，更爱我的祖国，更爱那些和我一样来此世间做一回客人的路人。

我珍惜这生而为人的机会，我珍惜还有理想的自己，我珍惜上天赋予我的这段时光。

曾在湖南大学里，朋友这样问我：在这个人利益至上的年代里，到处有人告诉我们要现实点，很多人的行为也在告诉我们，人要现实点，是不是我们不现实就活不下去？那在梦想与现实之间我们该怎么办？

当时我没有答案。

去年一个在武汉读书的志愿者在公众号留言给我说："我感觉自己在学校好孤独，身边处处都是把梦想遗忘的人，我每次和他们谈梦想，他们都嗤之以鼻，我想，我们是不是只有把梦想丢了，才不会孤单？"

我和她说了我带着梦想行走的故事。

这些年我也无数次问过自己，前面的路那么多的未知，坚持梦想，努力走下去是不是很难？

没有答案，但是心里有个声音不断告诉自己：

没有梦想，你只是拖着生命在行走。

走下去，管他能不能实现，带着梦想上路，坚持做自己，跟梦想死磕。

走下去，带梦行天涯，哪怕一次一次地撞南墙，也不能失去理想。

走下去，带梦去远方，哪怕一次一次的流浪，也不能让心灵孤单。

记得曾在一次讲座上，一个学弟问我："为什么西方的年轻人更热衷于做自己喜欢的事？他们从小就能独立，他们不正经工作也没人反对；而我们却总是活在父母的保护之下，我们只要一说不想工作，想做点自己喜欢的事，就会被所有人摒弃，好像就对不起所有人，这究竟是为什么？"

我想了想回答说："首先这是文化和环境的问题，产生这个问题的原因非常之多，但是你要记住一点。不管是在什么样的国度，即使是社会普遍认知相同的情况下，比如我们国家，一个人生活在这样的环境中，如果他还能努力选择去做一个特立独行的人，固执着坚持理想前行，即使他的思想和行为与众不同，我也觉得他更值得我们学习，还有就是，一个一直执著于自己梦想而乐在其中的人，似乎比一个在边上嘲笑的人更值得我们尊敬，不是吗？"

做一个有梦的人，跟梦想死磕，带着梦想活着，就会永远年轻，永远热泪盈眶。

那些活在自己理想世界里的孩子出走半生，

无论归不归来，都是少年

四

每次在路上行走的时候，都会有很多弟弟妹妹让我给他们讲我奋斗的故事，每次我都以不善言辞回绝。每当有弟弟妹妹问我是如何实现梦想的时候，我也是默默一笑，岔开话题。我不希望我的故事成为年轻人效仿的榜样。我也无意把自己的梦想和奋斗，强加到他们身上，我不想让他们升起希望之后又失望，拾起梦想之后又质疑梦想；因为我知道，在如今这个浮躁的年代，稍微一点理想和成功的描述，就能成为年轻人逃离现实，构建他们内心"乌托邦"的理由。

他们不肯挽起袖子，弄脏双手去干活；也不愿仰望星空，脚踏实地去生活；他们只想靠在别人的故事里汲取一点精神鸦片来度日，他们无病呻吟，他们笃定人生就是一条"成功，就是挣大钱，有车有房有漂亮妞和帅哥"才是幸福的康庄大道。

可生活的方式千千万，生命重在体验和成长，内心的丰盈和富足，才是人生幸福的答案。别人的故事，始终只是故事，活成自己想要的样子，才最为重要。

梦想无所谓大小，生活无所谓对错，因为人生是自己的，如何活着，我们都可以自我选择。

大胆往前走，从头开始，哪怕撞南墙，哪怕慢一点儿，哪怕走弯路又如何，只要不断地选择和尝试，生命就充满惊喜和可能，每个人只有在自己的人生之中磕磕碰碰后，才能成为自己喜欢的样子。

最后写一段话，送给每一个在青春里的孩子：

拾起你的梦想，再去坚持一段时光，即使路上会孤单。

张开你的怀抱，努力向前走，即使时光会慢慢的溜走。

带上你的微笑，去温暖每一个擦肩的陌生人，即使过后便会遗忘。

打开你的心扉去说一说，即使只有自己听，也无妨。

拿起你的笔去写一写，写一段属于自己的故事，即使没有人看。

因为，做了总比不做强，努力了，总比放弃更加让自己温暖。

更因为，真正追梦的人，永远在路上。

四分之一的大学

一

读大学之前，我曾无数次幻想自己在大学里的模样，可从来没想过我有一天会以那样的心情，走进那样一所大学，而这一去就是将近两年，一读大学就读了五个学校，游学七八年。

而现在仍然还在继续。

走过的每一个城市和学校都留下自己忘不掉的故事。

读大学之前，我也从来没想过有一天能以一个理想主义人士，站在大学的讲台上对着成千上万的弟弟妹妹分享人生经验。

读大学之前，我更不会想到自己能创办一个叫"简爱基金的公益组织"，做一个"在爱中行走"的项目，而且每年能影响那么多的大学生。

在读大学之前，我更没有想过负笈游学、仗剑江湖的梦想得以实现。

总之，在读大学之前，我从来都没有想过自己能去西藏，到新疆，走内蒙古，去海南，用脚步丈量大地，而后又能隐居于江南一个小城市开个小店，过着自己想要的生活。

而这一切得以实现的愿望，都以不可预见的方式，在大学开始之后的人生当中一一浮现，这是冥冥中注定吗？回过头来，仔细想想来时的路，好像一切都应该是如此，每件事出现在生命中都有原因。

本来讨厌上学的我，因为遇见一个姑娘，从此爱上读书。

原本能够考上一所好大学的我，因为爱上一个姑娘，来到一所三流学校。

本该安心上大学，结果大学的第一天就被骗，开始了人生的第一次"经商"。

因为"经商"，每年都会有点积蓄，于是就能四处旅行。

就这样，促使我开始了大学生涯里的行走和游学。

于是我开始行走，然后走着走着，就成为现在的自己。

在开始之前，谁也不知道结果会怎样，在明天到来之前，谁也不知道未来会走向哪里，时光用一只无形的手，把我们一点点的往前推着，让你渐渐长大，慢慢成为自己的模样。

而你想成为什么样的人，想过什么样的生活，想去到什么地方，和什么样的人生活在一起，都会在命运的一个转弯的路口，因为走错或走慢，而悄然改变。

比如上大学之前，你不会知道自己会学什么专业，而读大学后，你学了一个不了解的专业，因为专业的缘故你开始了一份不怎么喜欢的工作，因为工作的缘故，你遇到了一个喜欢的女孩，因为女孩子的缘故，你开始努力工作，因为努力的原因，你突然被升职了，然后干着干着就干了一辈子。

人生很多时候都是在不知不觉间，走出属于自己的一片人生和风景。

你想成为什么，就会变成什么，你想成为那样，就会变成那样。

如果不在这里，那么你在哪里，谁也不知道，所以一切都刚刚好。

我的大学也如是。

二

大学那年，我和一个老乡，背着一个麻袋，不要奇怪真的是麻袋，麻袋里装着一袋子衣服，一些花生以及一些生活用品，从家乡坐汽车到广西，然后从广西踏上了去往湘西的火车。

那是我第一次出远门，脚底板踩着父母东拼西凑借来的五千元学费，农村的孩子没见过大钱，袜子里一下子塞着这么多钱，我走路都打颤，内心局促不安再加上第一次进城，好奇、憧憬，各种心思交集着，反正就是忐忑不安，有点那种土包子进城的感觉。

到了站，已是傍晚，火车站出口有学校的接待站，一个学姐看了看我们的入学通知书，把我们领到一辆接待车上，一上车学姐告诉我们学校晚上有个新生联谊会，想去的话，到学校安置好后，就和她电话联系。

我说我们还没有电话，也没有电话卡，其中一个学姐笑嘻嘻地说：“刚好我这里有种电话卡，打长途只要 1 毛 2，每个月还有 350 分钟免费电话，基本每个新生来都会买一张，你们要不要？等开学后就没了。”

我一听，再看了看学姐挺漂亮，于是两眼放光，赶紧说："要要要，不要才是傻子。"于是在手机都没有的前提下，我买了人生中第一张电话卡。

后来成为学长的我，也去火车站迎接新生，看着那些新生稚嫩的样子，才知道当时的我有点像个呆逼。就好比你现在回过头去看你十年前写下的文章的感觉，你就懂我说的是什么感觉了。

我记得那天接待车坐满了人后，开始带着我们从市区一直开，从沿途的高楼大厦到房子越来越矮，再到两边出现了村庄和田野。

我听见座位隔壁的一对父子对话说："孩啊，你们学校还挺山清水秀的啊，为什么招生册上明明写的是市区啊。"孩子回答："是啊是啊，我怎么感觉回到了俺们村里。"带我们的一个学长回答说："叔，我们这是新经济开发区。"

我的老乡也盯着车窗外问我："东哥，你说我们的大学难道就在这个鸟不拉屎的地方吗？"我强忍着内心的失落感说："既来之，则安之。"

不久车就进了学校的大门，接待车带着我们在学校七拐八拐后来到学校最气派的一所建筑物图书馆面前，四周坐满了从外地赶来提着大包小包的新生和送孩子上学的父母。

我们下车，学姐带着我们去大厅报道，刚进大厅，我们就看见一圈人围着一个展台兴奋地指手画脚，时不时还发出惊叹声："哎呀，图书馆在这个位置，往这边走是体育馆。""哇，学校有游泳馆哦，等会我们就去游泳啊。""气派，还有多功能体验厅啊。"……

我们走过去一看，原来是学校的一个模型图，老乡也兴奋地指着模型图说凉亭、湖、后山，学校还挺漂亮的啊，说完又指着一个食堂说："哇，学校有三个食堂啊，你说等下我们去几食堂吃饭呢？"我们几个人就好奇地问学姐："学姐你告诉我们学校哪个食堂的饭菜好吃一点，待会我们请你去吃饭。"

学姐停顿了下说："学校只有一个食堂哦。"

"那为什么这图上面写了三个呢？"老乡问。

"那是学校的模拟规划图。"

"那这个呢？"我指着游泳池问。

"等着吧，我来的那年就开始说建了。"

"那学校到底有多大？"有人问。

学姐说了一句话，瞬间让我们现场安静下来，同时也让我们这群刚进城的乡巴佬心瞬间凉了半截。

学姐在模拟图上比划着说："大概就四分之一吧。"

后来我在这个四分之一的大学，发生了许多故事。

这个"大概四分之一"的地方，是我青春时代里的第一所大学，也是我人生真正意义上的开始，我在这里待了将近两年，现在想想我在大学里的生活还真是和四分之一有关系。

我十八岁来到这里，二十岁离开，按人生的正常年龄，我能活到八十岁，那么我人生的四分之一就是从这里开始的。

班上那么多的同学，现在还能时常联系的就是四分之一左右，宿舍住了八个人，和我关系很铁的刚好两个，也恰恰是四分之一的比例。

大学买了那么多的书，借了那么多的书，真正能看进去了的，也是四分之一左右。

生命中碰到了四个对我人生影响很大的姑娘，其中有一个也是在这里读书时遇见的，也是四分之一。

而我也是从这里开始，开始走出去行万里路，在离开的时候，中国三十多个省市，我也不知不觉地走了四分之一的国度。

我从这里开始行走，从这里开始奠定梦想的基础，也从这里开始激发着我内心对理想的渴望和坚持。

我就这样行走着，越走，心越宽；越走，路越长；越走，世界越大。

三

写这本书的时候，距离我第一次踏入大学校园，刚好七年的时间，七年时间看似漫长，其实现在想想只不过是一眨眼的工夫而已。

我仍然记得当初自己走进大学时的模样，记得当时因为学校太小而失落的样子，记得自己军训的样子，记得和同学一起跳骂被大学坑了的样子，记得因为得了奖学金而意气风发的样子，记得自己迷茫无助的样子，同样也记得我离开学校时，痛哭流涕的样子。

年轻的我们总是喜欢抱怨自己的出身不好，环境不好，遇见的人或事不好，但当我们走出这段时光，再回味的时候，才蓦然发现所有的发生只不过是内心世界的显现，你所经历的事情，不管是打击还是失败，都是为了历练你而来。

所以我一直感恩人生中遇到这个四分之一的地方，它不大，它没有同济大学最小的一个校区大，它人不多，整个学校的学生加起来也没有湖南大学的一个学院多。

按常理来说，这所大学，应该是中国千千万万所大学中，最普通的一所，这所大学的名字，说出去几乎没几个人知道，甚至还会被人取笑。

对我来说，这是人生非常低的一个起点，它不及我后来走过的任何一个大学，却是我人生成长和蜕变的地方，是我内心自强不息的精神觉醒的地方，也是我坚定内在力量的地方。

上帝给你一个低起点，是为了让你在成长的道路上经历磨难和风雨。它以另一种方式给你一种不服输的信念，让你在人生的道路上去努力和超越，让你受尽冷漠和打击之后，内心有一种力量鞭策你前行，让你永不放弃，让你最终在风雨之后看见彩虹。

郭德纲老师曾说："我小时候家里穷，那时候在学校一下雨，别的孩子就站在教室里等伞，可我知道我家没伞啊，所以我就顶着雨往家跑，没伞的孩子你就得拼命奔跑！像我们这样没背景、没家境、没关系、没金钱的，一无所有的人，你还不拼命工作，拼命奔跑吗？"

从此，我懂得一个道理：没有伞的孩子必须努力奔跑！光脚的不怕穿鞋的，年轻的时候我们没有好的家庭背景，没有傲人的文凭，我们唯一拥有的本钱就是青春和梦想，青春让我们有时间去努力，梦想则让我们变得与众不同，放手一搏，就有改变命运的可能。

环境不好不是我们拒绝成长的理由，真正勇敢的人哪怕是在无依无靠的时候，他也能凭自己的力量和勤奋，在一片荒芜丛生的地方，创造出生命中属于自己的一片绿洲。

谢谢这个四分之一大的地方。

大学的第一堂课

前几天去湘西凤凰参加同学阿俊的婚礼，到了目的地，遇见了许多老同学，大家坐在一起聊天，隔壁班小强问："你们还记得大家上大学时的第一堂课吗？"在座的同学们畅所欲言，都开始回忆起当初上大学的那股子兴奋劲，轮到我时，我和室友老廖笑了笑说："我们大学的第一堂课，是花了八百块买的。"

满座哗然。

我们开始讲起了大学里第一堂课的故事。

2008年我进入大学，军训刚结束，宿舍的一群兄弟去饭店庆祝终于结束了这段苦逼的日子，吃完饭，回到宿舍刚准备开吹牛座谈会。

刚进大学，大家都是新生，谁也不了解谁的底细，谁也不知道谁的过去，所以谁会吹牛，人气就越旺，谁会吹牛，谁就越有魅力，谁会吹牛，找女朋友就越好找。于是每次隔壁几个宿舍大家聚集在一起就会开吹牛座谈会，由于我的口才和脸皮遥遥领先，几乎每次座谈会都会成为我的专场。

那天我刚准备开讲，突然高中女同学来电话，等我出去煲完电话粥，再回到宿舍，只见一个背着背包的陌生人，站在大家中间指点着江山，眉飞色舞地讲着大学里的趣事，我以为是邀请来的学长，就站在旁边听；他边讲边问我们，你们知道大学该怎么读吗？你们知道大学里的女孩子喜欢什么吗？你们知道大学如何创业吗？

对于我们这种刚刚从农村走进大学的新生来说，鬼才知道大学该怎么读呢，更不用说创业了，自然而然被他吸引。

讲完大学生活他开始跟我们讲他如何创业，如何与常人不同，如何被世界五百强大老板赏识。讲着讲着，他问了我们一个问题。他说，"你们知道社会上的老板最喜欢什么样的大学生吗"？我们连连摇头。然后他长篇大论，口若悬河和我们讲成功法则，听得我们连连点头，对他从佩服到仰望，甚至崇拜。

才十几分钟的时间，我们就成为他的粉丝，他也聪明，见我们已然被他吸引，他就开始搞粉丝经济，那时他就已经知道粉丝经济了，确实挺有商业头脑。

他说大学里他的事业已经基本帮助他实现经济独立，现在面临毕业，被月薪几千的大公司看中，马上就要去上班了。可是心中又无法放下在学校的事业，希望找到接班人。问我们有没有兴趣在大学里像他一样干一番事业。

年轻时候的我们一腔热血，被他一激，围着他的一群人，齐声拍桌子道"当然有"，然后好奇地问"学长"是啥事业？

"学长"慢悠悠地把身上的背包打开，拿出一个本子给我们看，上面密密麻麻的记载着许多人的信息，"学长"指着上面的好几页的名单说这是他的老客户。

然后又从书包里拿出了几盒圆珠笔、笔芯、钢笔、笔记本等文具告诉我们，他在自己的宿舍开了一个工作室，专门卖这些东西，每天给学生送货上门，每个月纯利润 2000 多元，而且现在已经有了很多的老客户，但是由于要毕业了，还剩下价值1800多元的货，又不想带走，所以想找接班人。

停顿一会儿，学长继续说道："今天和你们有缘，看你们在宿舍聊天，一脸的豪言壮志，所以打算把这份事业交给你们，凭你们几个的能力，在大学里肯定能干一番事业，因为我非常欣赏你们，所以这里价值1800元的货，你们现在这里有八个人，只要每个人出100块钱就行了，就当我送你们一个人情。"

年轻的时候，谁不渴望有一份成功的事业，那天我们八个人中就有四个人凑了800元给"学长"。

"学长"走了之后，我们开始点数，数着数着就感觉不对，背包里根本就没有那么多的货，而且很多都是冒牌伪劣产品，这时候我们才醒悟过来，应该是被骗了。

于是立马打电话给那个"学长"，可"学长"电话早已关机，其中一个同学红了眼，准备报警，另一同学要找人下楼去追他。

我当时不知道哪来的勇气拦住大家说报警有什么用，他肯定早没了人影。我们一会儿自己去找一下，找到了皆大欢喜，找不到，你们不愿承担的，我来承担。

说完我从袋子里拿出手机给"学长"发了条短信：学长，您好，我们是刚才的几个小伙子。在此非常感谢你今天给我们上了一课，也谢谢你送给我们的"礼物"，我们会好好走下去；将来有一天如果我们成功了，一定会感谢你。希望身体健全的你不要再为恶了，好好地找份工作，不要再害人了，对于今天的事，我们不怪你，只怪我们太过年轻，钱就当打发叫花子了，希望你成功！

——刚刚被你骗的四个小伙子，周志鹏、申明、廖仁志、何东敬上。

短信发完，我对大家说，被骗了都很伤心，但现在我们只有两条路走，一是把这些东西平均分了，就当把大学里所有的笔都买完了。第二，我们就是像那个"学长"说的把它们卖出去，把本捞回来，我就不信我们卖不掉。

大家都同意第二种方案，只有室友周志鹏第二天以读书为由退出了，就这样命运给我们关上了一扇门，又从旁边开了一扇窗。

第二天开始，我们拿着这些文具开始了人生的第一次"经商"，每天一下晚自习，别人都在玩游戏，我们三个背上书包，挨个宿舍敲门推销我们的文具。

就这样我们在不断的拒绝和白眼中，在一次次失落又鼓起勇气去敲门推销的过程中，在不到一个礼拜的时间，文具统统被我们卖掉，最后清点了下成果，我们卖了1000多块钱，不仅收回了成本，而且还净赚了200多元，我们几个人抱头痛哭了一回，所有的委屈和白眼都在那一刻瓦解，虽然我们被人坑了一把，但我们扳回了一局，我们不仅原谅了那个骗我们的王八蛋"学长"，我们还战胜了自己。

最后我们用这200多块钱请了两个宿舍的哥们吃饭，剩下的800块钱我们一分不动，决定继续去批发更多的东西来销售，从此我们宿舍真的成了一家小卖部，有槟榔，有烟，有文具，有布娃娃，有故事会和小说。

由此申明成了大家眼中精明的生意人，因为每次都是他管账和负责讲价，而我成为脸皮最厚的敲门人，每次负责推销，过早的锻炼出一颗坚强，不害怕被人拒绝的心，廖哥成为进货人，每次留意什么东西好卖和不好卖，我们的小卖部就这样一直持续了一年。

回首过往，我一直把这件事当成大学给我上的第一堂课，而对我来说，整个大学上过的最有意义的一堂课也莫过于此，这堂课它没有教给我知识，也没增长我什么技能，它只是在恰当的时候，以一种别样的形式把我内心潜藏的东西给点醒，激发了我们的潜能。

直到现在我仍然由衷地感谢那个骗了我们的"学长"，感恩这件事情的发生，因为是他在我刚刚步入人生学堂的路上，以别样的方式送给我这么一份别样的礼物，这份礼物让我在后来的人生行走当中，每每遇到困难和问题时，都会想想这件事，然后逆转思考，内心就生出一股正面的力量去面对人生中所遇到的困难，最后总能以一种不服输的信念和乐观的态度，勇敢地面对发生在生命中的风风雨雨。

我也懂得，人生的每一段际遇，冥冥中都自有安排，没有什么事情会平白无故的发生在我们的生命当中，一切都自有缘由。

感恩那些在人生路上不经意间伤害我们的人，他们只是短暂的在自己的人生中迷失，他们已经受到应有的惩罚，我们原谅他们，就是在给自己一个成长的契机，他们的出现是为了磨砺我们的心智，让我们成长。

后来有一天我在一个大学分享这个故事的时候，提问环节，有个弟弟问我：东哥你在这个故事中收获最大的一点是什么？我记得当时我是这样回答："很多时候命运甩了你一巴掌，你要有勇气打回去，坑坑洼洼的路突然把你绊倒了，真牛的话，就拿几块石头把路给填平了，真正的牛人是那种，一不小心踩了狗屎，都能让狗屎后悔的人。"

人生路上，我们肯定会遇到很多的坎坷和挫折，上帝有时候眨了下眼睛，就给了我们一个磨难，但我们一定要有勇气，用自己的智慧战胜苦难，因为上帝这个老大爷会在下一次眨眼睛给你送一个机会。

　　成功不在于我们拿到一副好牌，而是怎样将一副到了手中的烂牌打好，即使最后结果是所谓的输，也要让自己输得光彩。

我被"包养"了

这是一个可爱的世界，长得胖的人害怕别人喊自己胖子，长得矮的人害怕别人喊自己矮子，嘴巴大的人害怕别人说他嘴巴大，富二代害怕别人说他靠爹养着，农村的孩子发达后害怕别人说他出身贫寒，傻里傻气的人害怕别人说他是傻子。

西方的社会里，有种族歧视，分白人、黑人、犹太人和印第安人，而生活在现在的时代里，更可悲的是不仅有种族歧视、肤色歧视，性别歧视，乡村歧视、学历歧视、长相歧视，而且还有门当户对、高矮胖瘦等歧视。

我长到 26 岁的时候，穿上内增高鞋也就比一米六高那么半厘米的个子，自然从小到大都活在身高歧视中。

所以从小很"荣幸"得到了很多意料之中和意料之外的称谓，意料之中的称号比如矮子、矮个子、土墩、土行孙、武大郎，而意料之外的就有卓别林、拿破仑……

起先我一直不明白大家喊我矮个子、土行孙、武大郎就算了，为啥还要拉上那么一些伟人说我呢？后来自己查资料才得出结论，我和这些伟人有着几个最大的共同点，就是聪明、勤奋和个子矮小，重点在个子矮小。

而奇怪的是，从高中到大学，同学们取笑我最多的一句话不是我长得矮像拿破仑，而是一句我不说，谁也想不到的话就是"不能和何东那小子比，他是被包养的"。

这"包养"二字自然要打上引号，不是我真的被包养了，而是同学们开我玩笑的一句话。

同学们为何会说这句话，其实是有原因的。

从小到大，我在学校人缘较好，尤其是女生缘，如姐姐缘、妹妹缘和阿姨缘。

好到什么程度呢？我好兄弟周鑫嘲笑我"只要一个人这辈子降生到世界上为女性，只要碰见何东，都逃不过何东的魔爪"。真的是这样吗？当然有点夸张。

可我又是怎么被大家取笑被"包养"的呢？我们一起来看看几个小故事。

初中的时候，我是学校调皮捣蛋出了名的小个子和情书小王子，每次学校开大会，老师嘴中坏学生的典型，肯定少不了我；而每次学校作文大赛，得奖榜上也肯定有我，所以借学校每次开大会的平台，被老师批评和表扬的次数就会很多，次数多了，我自然曝光率高，而且大多是绯闻，所以认识我的人就多，因此我在学校也算个"名人"。而我初中的时候有个爱好，就是喜欢看言情小说，看完还不够，还喜欢和班上女生探讨。而每次女生看完的小说，怕学校老师查，都会让我保管，这样一来，我结识的女生就更多。

初中时代的女生，天真、善良、单纯、爱幻想，也多愁善感，尤其是喜欢看言情小说的女生。

因为掌管着班上甚至整个年级的言情小说，自然吸引了许多爱看小说的女生。久而久之，其他班上的女生想看小说，就得找我借，找我借就得和我嗲声嗲气说好话，有时候帮我捏捏肩，捶捶背，买买零食啥的，因此一下课我就被女生包围着。

高中时代，我是在我们县城读的书，读书的三年时间里，我认了十多个姐姐，七八个妹妹还有六个"哥哥"，全都是女生。这些女生大部分都住在县城，所以很多时候我就有福利，她们会时不时地从家里带早餐和水果给我吃。因此很多时候，一下课我就跑到这些女孩堆里，和她们打打闹闹，说说笑笑，随时等着被她们传唤，帮她们跑腿、买零食。整天混迹女生堆里，被她们招之即来，所以同学们笑话我最多的一句话，就是说我被一群女生包养了。

大学的时候，和学校食堂的叔叔阿姨关系好，每次和同学们一起去食堂吃饭，同样是打两元的饭菜，我的饭盆里总是会比他们多很多，食堂的叔叔阿姨还经常给我开小灶，允许我自己去食堂里打菜、炒菜，还可以赊不用还的账。

记得最夸张的一次是在大二，我拿到了学校宿舍楼大门的钥匙，宿管李阿姨还给我配了一张门禁卡，有随时进出宿舍楼的特权。

因为那时候我做兼职，每天早上要四点半起床，晚上很晚才回来，怕打扰阿姨休息，我就和阿姨说了自己为什么这么努力，阿姨被我的故事感动，就给了我一把宿舍楼大门的钥匙。

一人得道，鸡犬升天，从此我们班上外出的夜猫子再也不怕晚归被查了。同时，因为经常喜欢和学校的保安大叔、门卫、保洁阿姨聊天，也经常帮他们搞卫生、下载歌曲电影、买水果，这些叔叔阿姨就很关照我，每次走在学校里就像是走在家乡一样，四处都是亲朋好友。

因此种种，我被同学们取笑称为被"包养"也就不为过了。

"你是被包养的"这句话，也间接的见证着我这些年，在人际关系的交往上，没有留下太多遗憾，反而告诉我，生命中遇见过的人，我都曾用心对待过，我到过的每个地方，都曾不虚此行。

有一次一个学弟找我聊天："哎，做人好难啊，尤其是人和人之间相处更难，东哥你说为什么人和人之间的人际交往这么复杂呢？"

然后噼里啪啦的说了一大堆。

听完后我就明白了，他所谓的人际交往复杂是指自己又被谁在背后说坏话了，又被谁告状了，在学生会里和谁又闹别扭了，宿舍里某某的生活习惯自己又看不惯了……

常常为了一点鸡毛蒜皮的小事就斤斤计较，不断抱怨他人不好还背后说他人坏话的人，怎么能避免不被人背后说呢？

很多人都说人际交往关系越来越复杂，其实很多时候，并不是社会复杂了，只不过是我们的心变得越来越复杂而已。

小时候生活在村里，上学回家的路上，一直能听到邻里问候的声音："就下课啦""回家来啦"……

全村几千个人没有谁不认识谁的，而现在呢，即使是住在一栋楼里，哪怕是对门，大家住了几年都还互不认识，更不用说住在一个小区了。

究其原因是什么，就是大城市里人际交往之间的防备心更重，住在城里，每次下班一回家，"哐当"门一关，你在不在里面谁都不知晓，也没人关心。

而乡下呢，门是开着的，邻里之间是可以相互串门的。小时候村里谁家放了好看的电影，我们跑进去直接坐着就看，哪怕不认识也不尴尬，而现在，谁敢跑进一个陌生人家里去看电视呢？

家门和心门是一样的，你关上了门，人家就进不来，你把门打开，自然就会来很多客人。你放开怀抱主动去拥抱他人，他人一定也会拥抱你，你示之以微笑，回报的也一定是笑容。

人和人之间交往永远是相互的，用心待人，善会与你，以诚待人，真会与你，你简单地去看待这个世界，世界就给你一片简单的天空。

人是群居动物，没有谁喜欢孤独，唯一让自己不孤独的方式，就是主动去和他人交往，接纳每个人与自己的不同，寻找共通的地方，努力用一颗柔软的心去关心他人。

我喜欢被人说我是被"包养"的，我喜欢人和人之间的相互友好和友爱，我喜欢那种被人在乎和被人关心的感觉。

谢谢生命中出现的姐姐妹妹、叔叔阿姨和兄弟们，谢谢生命中我遇见的每一个朋友，因为有你们，才有了今天的我：不卑不亢，虚心，骄傲，感恩的活着，因为有爱，一直活得很幸福、很快乐。

和自己赛跑

一

2016 年 9 月，株洲，天气，闷热。

开完网上会议，我已经出了一身大汗。舌头舔了牙床好几圈，肚子是真的饿了，因为还没吃饭，嘴巴有点干，因为一天没喝水。倒是心里很快乐，因为我刚刚和简爱的小伙伴们在网上分享了一个多小时。

与小伙伴分享完，看了看时间，晚上八点还差一点，赶紧转身去上课。听老师说，今天来论坛做客的是著名青年作家苏乞儿，她将跟我们分享有关她写作的故事以及成功的秘诀。

没有见过她本人，却有点迫不及待想见面。于是先在网上看了看她的资料。

苏乞儿是她的笔名，她也曾用笔名废柴苏，酷爱乞丐裤，21岁开始在网上发表文章，是红尘客栈、起点中文、饭否等文学网站的驻站作家。她 20 岁开始写作，每天坚持睡眠四小时，大大小小出版了作品十多部，23 岁担任《红尘》杂志的主编，成为《红尘》

最年轻的主编。目前为止共发表数十万字作品，以励志、言情题材为主。2014 年出版了一本畅销书《那么成功为什么》，激励了无数的青年学生，被读者称为最励志的青年美女作家。

晚上八点，苏乞儿准时现身，一看是个小姑娘，长得小巧玲珑，眉清目秀，她在台上时而轻声细语，时而激情昂扬地分享了一个多小时。收获很多，记忆最深的是，她说没有无缘无故的荣耀，只有看不见的耕耘。每个成功人士的背后都有别人看不见的努力和付出，同时也有着许多不为人知的心酸。这个世界上没有人能随随便便成功，任何人的成功都是一次次鞭策自己，超越自己，一次次和自己赛跑，一次次不断激励自己，一次次坚持坚持再坚持说服自己的过程……

二

讲座结束已经接近晚上十点，

她的分享让我感触很深，同样是年轻人，她实现了梦想，而我仍然奔跑在自己梦想的路上。

倒了一杯水，我走到阳台上，清风徐徐，璀璨的天空，一轮明月高挂。站在窗前，我寻思这样的夜晚，能做些什么呢？约会？打游戏？看电影？看书学习？好像都没什么心情。

于是换了身衣服，带上耳麦，走到楼下操场上开始跑步，一直以来，每天处理完手中的工作，出来跑步是雷打不动的习惯。我喜欢跑步，喜欢听着轻音乐边跑边和自己对话，喜欢在每次跑步中，用心和肢体的每一个细胞交流，也喜欢在每次跑步中，给自己规定一个小任务，然后全力以赴地去和自己赛跑。

明月高照，天地大美不言，今晚夜色格外好，心情也非常美丽，看着天上的明月和悠悠飘着的云朵，我调皮心起，指着一朵离月亮有十多米距离的云说："云啊，我们来比比赛，我跑十圈，你若能超过月亮我就输了，若我跑完你还没超过月亮你就输了哦。"

"赌注就一瓶啤酒吧，我输了，今天就不喝啤酒了，我赢了，就喝一瓶。"

"好，123，开始！"我开始奔跑起来。

一圈，二圈，三圈……第十圈，终于完成，我大汗淋漓地躺在操场上边喘气边看着云朵傻笑，心中得意地笑着，哈哈，我赢了。

短暂小憩，带着内心的成就感，我走到旁边一家商店买啤酒，付完账，准备离开，突然听见有人喊我，回头一看是学校许久不见的几个宿管阿姨在小店里搓麻将呢。和她们寒暄了会儿，我在商店买了几瓶凉茶送给她们，然后转身就跑，边跑边听其中一个阿姨道："这个傻孩子，每次看见我们都这样，不是送水就是送水果。"

这是我第二次听这位阿姨说这样的话，故友重逢，又被夸奖了，心里更开心。我走到操场边的台阶上坐着，夜晚很安静，月亮陪着我喝酒，我和自己对话，喝着喝着，田径场一个学生沿着跑道边跑边大声地念起英语，再想起刚刚碰到的几个阿姨，突然一股回忆从内心深处涌来，一下子把我拉回了自己的大学时代。

我想起大学里那段和自己赛跑的时光。

三

大学时，我被朋友称为兼职狂，也被称为财迷，有朋友调侃我是掉进钱窟窿里去了的人。

整个大学期间，我每天的时间除了读书全部用来做兼职。记得兼职最多的一段时间里，我一天连做四份兼职，早上包子铺捏包子，中午饭馆送外卖，晚上做家教，还经常和同学一起摆摊卖电脑配件。

那时我一天的基本生活如下：

早上四点半起床捏包子捏到六点半，工资八百。然后与英语协会的同学晨读英语到七点半。中午和下午放学后给一家餐馆送外卖，按提成算，一个月工资一千五，最多的时候拿到了三千。而当时学校其他同学一个月仅三百五。晚上给一个老师的儿子补习文科两个小时，每小时十五元。所以那时的我，每个月收入有三至四千元，这已经非常可观，它负担了我整个大学里的生活费和学费。很多时候还能余下一些钱用来当作我行走天涯看世界的路资。

有时候关系好的朋友，会关心地问我这么拼命做兼职是为了什么，累不累？

我总是摇摇头，哪怕再累，只要想想家乡的父母还在太阳底下辛苦劳作，我的内心就像一台发动机，源源不断地给予我奋斗的力量。

父母都还在努力为我奔波和劳碌，我又有什么理由停下来休息和享乐？作为农村出来的孩子，父母供我上大学非常不容易，所以当时就一个念头，就是让父母少辛苦一点，我少问父母拿一百块钱，父母就可以少在太阳底下为一百块钱辛苦忙活，少拿一千元，他们就能少点压力，没有压力他们就会少辛苦一点，少点操心和操劳，他们就不会老得那么快，我想让自己成长的速度超越父母变老的速度。

因为送外卖的缘故，我经常要跑宿舍，因此认识了学校宿舍楼的很多叔叔阿姨，每次进宿舍楼给同学们送外卖，都要靠这些叔叔阿姨通融。

当时学校保卫部明文规定送外卖的同学不准进宿舍，抓住了一律受处分。所以每次送外卖的时候只能在外面等。对于其他送外卖的同学来说肯定是乐意的，不用每天爬很多楼。而我却不开心，因为我的工资是拿提成的，多送一个外卖我就多挣一块钱，不能把外卖送到学生手上，肯定会影响生意。

那时候我小聪明挺多，下班后经常买些水果，找宿管的叔叔阿姨聊天。时间一长，与他们熟络起来，每次我送外卖的时候对我照顾有加，让我进宿舍大门，而其他饭店的外卖员只能在外面等。

有时送外卖的同学会因为阿姨不让进门，和阿姨争吵起来，有的甚至讲粗口骂人。每次我看见了，都会向着阿姨们，劝送外卖的学生尊重和理解阿姨。他们便会质问我，为什么不和他们统一战线？更有甚者讽刺我，你不就是个送外卖的么？装什么清高。

我总是笑笑回答："送外卖只是我的工作，我不是送外卖的。"

朋友问我别人都这么说你了你还不生气。我说："他们不懂我，胡乱说话，那是他们傻，我都知道他们傻了，我还生他们气，那就变成我自己傻了。"

还有些时候，我的同学也会骂我傻，说我没事找事干，别人送外卖都是能偷懒则偷懒，而我不仅每次都送上楼，并且上下楼梯都是拼命奔跑着，就像赶去投胎一样。你这么拼命奔跑，是不是为了让老板知道你有多努力？可是老板又看不见，你奔跑起来又有什么意义？

我笑着告诉他们，我奔跑，并不是为了让别人看见，之所以那么努力，只是在和自己赛跑。

其实送外卖这件事对我来说，特别有意义，因为我并没有把它只当成单纯送外卖的活儿，我把这件苦逼又累的事当成了挑战自己。我为什么上下楼梯奔跑？因为我当时还有另一个想法，如果我送的外卖快一点点，饿肚子的同学就能早点吃到饭，早点吃到饭，他们就会少抱怨一点，不抱怨他们就会心情好一点，他们心情好，当我把外卖送到他们手里的时候，他们就会对我微笑，看着他们微笑，我就会开心，而且大多时候，大家还会因为我送外卖的速度，继续选择我们饭店。饭店生意好了，我们每个人都会很开心。而且我快一点点，就能帮同学们多节约点时间，况且我努力奔跑，并不是为了让别人看见，我奔跑，只是为了和自己赛跑，我享受战胜自己的过程。

这个世界上，很多人做的事是一样的，但是同样的事，不同的人以不同的心态去做，收获便有所不同。有些人做事是为了完成任务，而有些人努力做事，只是为了成长自己。就如同有些人吃饭是为了充饥，而有些人吃饭是为了品尝美味。

走一般人不走的路，才能看见一般人看不见的风景；做一般人不做的事，才能收获一般人收获不了的东西。

每个成功人士的背后，都会有一段苦逼到让自己骄傲的奋斗时光，这段时光里的辛酸、汗水和欢笑，见证着我们的成长，也见证着我们在一次次挫折和困顿中超越和成为自己。

愿意说谢谢的人

亲爱的朋友，如果有一天你能对一棵绿意盎然的小草轻轻地说声谢谢；能对一只翩翩起舞的蝴蝶说声谢谢；能对一阵吹过脸庞的清风说声谢谢。

那么我想，你也可能会对墙角的那一抹阳光，春江里的绿水，夏日荷花池里的一声蛙叫，桂花树上的一抹秋意，屋檐上的一片冬雪说一声谢谢。

那么在你的生命中，我想你也会对一个陌生人微笑，对一个萍水相逢的朋友挂念，对你身边至亲至爱的人表达出你的祝福和感恩。

那么，总有一天，你会满怀着对这个世界的善意和包容，安静、喜悦、幸福地活在这个一生一世里，尽心的活着，活出自己最大的可能。

最后，也许待生命回归原点的时候，你会对善待自己的你说一声：谢谢。

——题记

最近很少去食堂吃饭，今天和朋友去食堂排队的时候，嘴里哼着歌，等着前面的朋友打饭。

轮到我，我就跟平常一样笑嘻嘻地对食堂阿姨说："阿姨，麻烦您给俺五毛钱的饭。"

　　阿姨微笑地看着我，打了很大一勺，笑着问："小伙子，够了没？"

　　我回应说："谢谢阿姨，少打一点就好，你看我身材小，吃不了那么多，谢谢阿姨了。"

　　站在我身后的朋友取笑我说："哎呀，看你装的那个肉麻。"

　　打完饭，两人一对比，我五毛钱的饭比他八毛钱的还多，我就笑着把碗伸给朋友，对朋友说："看，看我装的。"

　　不知从何时开始，我总喜欢把谢谢挂在嘴边，不认识我的人，觉得这个小伙子面和心善，认识我的人喜欢说我客气矫情。因为谢谢一直以来在我嘴中就像唇齿一样不可或缺。

　　每天早上出门上班，开车经过小区门口时，挡车栏一打开，车子发动时我都会大声说声谢谢。有几次坐我车上的朋友问，车子这么快就走了，你说谢谢，他们也听不见，说谢谢有什么用呢？

　　我笑着回答说："他们是听不见，可我听得见啊！"有时做一些事，并不是一定要让别人知道才做，让自己满意和开心最为重要。

　　有时候走在路上，红灯亮时，会对红灯说谢谢，谢谢它让我停下来，停下来思考，停下来看看路上的风景。

　　有时候走进公司碰见保洁阿姨，也会对她们说声谢谢，谢谢她们辛苦，谢谢她们让我们的环境干净整洁。

　　曾有许多朋友问，认识你这么久，为什么你从来都不喊那些在食堂，在饭店，在街边的小摊上工作的人员叫服务员，而是称他们为大哥大姐或者叔叔阿姨，这是为什么？我笑着说，每次看着他们我就想起自己家乡在外面奋斗的亲戚朋友，尊重他们就好像在尊重这些亲戚朋友一样；更因为她们也和我一样在这座城市里为自己的生活而奋斗，每个为自己生活打拼的人，都值得尊敬。

为什么能一直喜欢说谢谢？我想应该是每次说完谢谢之后能看见叔叔阿姨露出的笑脸，每次说完谢谢自己的内心会有一种温暖的感觉，更因为我想努力从身边开始让这个冷漠的世界多一点人情味。

有时候谢谢说得多了，朋友就觉得我这人矫情。很多朋友反对说，都是朋友不要这么客气，不要装清高。一开始有朋友这样说，我还会和他们极力争论。到如今，内心对自己的认可，才是我坚持做一件事的理由，别人的反对与赞成，在我的世界早已不重要。

有时候，发自内心的谢谢还能让许多人感动。

大学时，我经常站在大马路上发传单，发传单时感触最深的就是一般很少会有人接我递过去的单页，而且经常有些人对你伸过去的手视而不见，有些人经过你身边时会对你翻白眼，满脸的嫌弃，还有些人呢，虽然勉为其难的接过了你发的单页，但没走几步就把它扔了，而更有甚者，看见发单页的人就唯恐避之不及，老远就躲开了。而这时候突然有一个人接过单页还对我微笑说一声谢谢的话，我一定会觉得这个人非常和善，而听到谢谢的那一刻，我内心就会很温暖。

所以现在我养成了一个习惯，每次逛街的时候，都会刻意去接过那些伸手递过来的传单，还会认认真真的对他们微笑着说一声感谢。因为我知道，我的举动一定可以温暖他们。

记得有一次和好朋友一起吃饭，他问我，你这么爱说谢谢，是如何锻炼出来的？我没有回答他，因为我也不知道，只是和他说了发生在自己身上的两个小故事。

有一次在学校旁边一个小菜馆买菜，结账时，我双手把钱递给老板娘并说了声谢谢，她突然激动地握着我的手，对着我使劲地说谢谢，当时我就被阿姨的行为震惊了。后来她告诉我，她卖了十几年菜，我是她碰见的第一个双手递钱给她，递完钱还说谢谢的人。

有时候自己也诧异，为什么说句谢谢，阿姨们就这么感动？现在慢慢明白过来，不是自己做得有多好，而是现如今的社会陌生人之间很少有尊重与感恩，尤其是在自己帮助了他人或者花钱购买了他人劳动成果的时候，我们的内心总是有着太多的理所当然，我们听到最多的一句话就是"顾客是上帝"。所以我们大部分人认为，我帮助了他，他回报我是理所应当，我照顾了他的生意，他感谢我才理所应当。

但对于我来说，谢谢这个词算是一种修行，它如同佛家说的阿弥陀佛，是感恩、是尊重、是体谅、是理解，也是净化自己内心的一种力量，它能让我内心变得越来越柔软和澄澈。

我出生在农村，爸爸妈妈是典型的务农人士，从小在家和父母一起劳作，风吹日晒，我知道什么是汗水，知道什么是辛苦，知道什么是生活的不易和辛酸。

所以每次在学校看见辛勤劳作的叔叔阿姨，伤感和思念之情油然而生，因为想起了家乡劳碌的父母。

见景思乡，见人思人，读大学时，我经常帮食堂的叔叔阿姨刷碗，帮校园里的保洁人员扫地捡垃圾，也会特意去和一些在底层工作的叔叔阿姨聊天，听他们讲他们的辛酸故事，感谢他们为自己孩子和这个社会所付出的努力。

之所以感谢他们、尊重他们，也是希望自己的父母在外工作时，有一天能受到其他朋友的感谢和尊重。

这是一个有情世界，人为万物之灵，我始终相信人人相互尊重，每个人内心才会真正快乐。互相伤害，为身外之物伤心，都是在愧对自己的生命和仅有的一生。

相由心生，一个内心"无"的人，嘴上肯定不会"有"。一个人有什么样的内心就会看见一个什么样的世界，一切的一切，只因一句，因为懂得，所以慈悲。

曾经被人笑过，所以知道被人嘲笑的痛苦，故能少笑他人。

曾经被人骂过，所以知道被骂后心里会不痛快，因此尽量不去骂人。

曾经被人误解过，所以知道被人误解会难受，因此懂得理解和包容。

知道冷漠的可怕，所以尽量多去关怀他人。

知道微笑能给人开心，所以自己脸上常挂微笑。

知道谢谢能让人温暖，所以多说谢谢，真诚地去感恩生活。

生命有着太多的不足，愿你我都能在人生路上以爱之名，去完善自己，同时也希望周遭的朋友，学会把谢谢挂在嘴边，当成生活的一部分，做一个喜欢说谢谢的人，温暖他人，温暖自己。

最后，让我对你说一句谢谢，谢谢你看我的书，谢谢你走进我的世界，来日有缘，江湖见时，我一定会对你鞠一个躬，感恩你我在红尘陌上相见，感恩你路过我的生命。

大千世界，亿万众生，每个人相遇都不易，谢谢你。

我心安处

对于我们男人来说，一座校园没有自己喜欢的女孩，再精彩再纯洁也是寂寞，一座城市没有自己爱的女人，再繁华再喧闹也是孤独。

——题记

一个人在一座城市生活久了，很容易患上一种叫作孤独的病。朋友曾问我："为何感觉你在哪里朋友都很多，每天看你空间动态都是开开心心的，基本上就看不到你抱怨，这是为什么？"

我回答了他四个字："因为心安。"

何谓心安，就是有一颗温柔的心，能用心对待身边的人和事，踏踏实实地活着。

生活中我们到处可听见朋友说："哎，生活好无聊啊！""这座城市太大了，何处才是故乡，孤独啊，孤独！""好讨厌这座城市，能离开多好。"

而我天生像个乐天派，这些年不管走到哪里，待在哪座城市，不管在这座城市生活多久，我都始终能找到自己的存在感，不会让自己感到孤单。

为什么不孤单？究其原因，就是每到一个城市我都会用心把自己融入当中，因为每个城市总会遇见那么一些和自己一样的人，我们虽然来自不同的地方，因为共同为着自己的生活打拼，所以有种似曾相识的感觉。

街边商店的老板、挑担卖菜的爷爷奶奶、路边摆摊的大哥大姐、小区里的门卫大哥和保洁阿姨，大多时候我都能在他们身上看到自己家乡左邻右舍亲朋好友的影子。

小区门口，门卫处有几个大哥大姐，每每我开车下班回家，他们都会熟络的微笑着和我打招呼，每当这个时候，我就有种如同回到家乡的感觉，碰见了村里的一些大哥大姐微笑着和我打招呼。被关心是一种幸福。

曾有朋友问我，为什么你总是能和这些大哥大姐打成一片，我就不行，你有什么秘诀？我就笑着告诉他说，哪有什么秘诀，只要多微笑，多说句谢谢就好了。

他说就这么简单？我说对的，人和人之间是相互的，你善待他人，他人也会善待你，我和他们关系之所以好，只是因为每次在他把门打开的时候，对他们说了一声谢谢。

单位里的保洁阿姨有来自贵州的，有来自四川的，还有来自我家乡的，每次我上班迟到，她们看见我都会笑着问："小何，昨天晚上偷东西去啦，今天这么晚才来？"我害羞地笑笑。

若是聊天的时候，如果她们知道我没吃早餐，就会唠叨："哎呀，你们这些孩子真不懂爱惜身体，等你们老了就知道痛苦咯，傻孩子啊，你妈妈知道会心疼的哦，下次千万不能这样了，要记得吃。"每每听到她们关心的声音，我都很享受，就好像母亲在身边叮嘱一样。

所以很多时候，我喜欢和她们聊天，喜欢在她们辛苦之时帮她们倒上一杯水，喜欢听她们微笑诉说自己的烦恼，因为每次看她们辛苦劳累的样子我就想起家乡的母亲，母亲也是这样，家里的卫生多半都是她干，从来都是任劳任怨。

现在生活的城市，除了有份自己的工作，还在一个大学里开了一家小店，因为附近工地多，外来的务工人员也多，于是我便在小店的门口挂了一块手写的牌子："免费给务工的大哥大姐叔叔阿姨下载 MP3、广场舞和电影！"每次都有一些叔叔阿姨害羞的走进来问，下歌下电影真的不要钱吗？我说真的。每次帮他们把歌曲电影下完之后，他们往往都会不好意思，都会说你象征性的收点也好啊。我总是摇摇头说："要钱我就不给您帮忙了。"

有很多朋友不解，就会问，别人家的店子帮人下载歌曲都收钱，而你却不收，到手的钱都不要，为什么？每天都有这么多的人来免费下歌，不嫌麻烦吗？另一个朋友替我回答道："何东是个菩萨。"我笑笑说，哪有那么神圣，只是为了自己能心安一点。

我的父母也是农民，也经常去外面的城市打工，有时候忙累了休息，想听歌或者看个电影开开心，但却因为不会上网，也舍不得自己花钱下电影，所以很多时候就看不成电影。我之所以帮这些叔叔阿姨下歌下电影，只是希望能让他们在异乡打拼的时候能觉得温暖一点点。

曾和一个食堂的阿姨聊天，她每天工作十六个小时，天天三点半就起床做早餐，中午没什么休息，晚上也很晚才休息，我问她："阿姨您每天这样累不累？"阿姨说了一些话，我会记得一辈子，句句戳心，她说："我多遭点罪，孩子就会少受点苦，趁现在还能做事就多做点，将来好不拖累他们。""作为父母肯定要拼命给他们好的生活。""他们幸福，就是我最大的幸福！"

他们，是指她的孩子，世界上有一种爱，叫母爱，只管付出，不谈收获。她们辛劳一辈子为她们的孩子而忙活着，而我也是一个孩子，就让我也为她们做一点，哪怕下一首歌，听她们说一会儿话，给她们一个微笑，在公交车上让一次座，少给她们一点冷漠，就已足够。

为他们而做，也就是间接的在为我的父亲和母亲而做。

这个世界上，总需要有那么一些人，去做一点不同的事，让这座如同钢铁般的城市里多那么一点善意和温暖。

每次帮叔叔阿姨一些小忙后，看到他们会心的微笑，我觉得在这座陌生的城市里，我不曾陌生，因为我在用心活着，我不负此城，也不负自己，更不负此生。

跋涉于人生路上，一个人总要去一个陌生城市，走一段没有走过的路，看那些未曾看过的风景，遇见那些从未遇见过的人，然后彼此结伴，彼此同行一程，从陌生到熟悉，然后又彼此分别。

每个人的人生中都会有这么一段时光，在一座陌生的城市生活和奔波，每天一个人上班，一个人下班，一个人吃饭，一个人睡觉，一个人坐地铁，一个人挤公交，一个人看电影，一个人发呆，一个人思考，一个人想念，一个人无聊，因此我们感到孤独；但更多时候，真正的孤独并不是一个人，也不是因为这个城市太大，更不是因为这座城市陌生，而仅仅是因为我们的心没有放在这座城市，我们的内心也没有准备接受和融入这座城市。一个人心不放下，一个人的微笑停留在远方，一个人一直把爱停留在一个地方，那心又如何能安，又如何会不感觉独孤呢？

世界上所有的孤独都来自于内心，所有的距离都来自于心的距离；我们以什么样的姿态去面对这个世界，这个世界就会还你一个什么样的人间。你用一颗微笑的心去对待生活，生活必还给你一片碧海蓝天。爱出者爱返，福往者福来，你去爱人，爱必追随于你。

心中有善，每座城里都会阳光普照。一个真正遵循着内心活着的人，一个真正能够随遇而安的人，一个真正内心丰富的人，他又怎会在乎此时身在何方呢？把心带上，即是心安处。

因为有爱，走到哪都能温暖他人和成长自己，做人做事，便能心安理得。因为有爱，心能够停留，有着一颗欢喜心，认真地活在当下，无论何时何地，我们都能活得笃定和从容。

这是你的大学

　　一个人要有多努力，才能活出自己想要的人生？一个人要有多勤奋，才能过上自己想要的生活？同样，一个人该怎么去选择，才能在大学里，走出属于自己的一片天空？

　　2008年我从家乡坐了一夜火车，走进大学的校园。

　　记得到达学校，办完入学手续，学校的辅导员领着我们报到领资料，领回的课本中夹杂着一本新生指南，详细的介绍着大学的历史、人文和环境等信息。当我看到其中一页上面写的一句话时，我才意识到自己的大学生活真的开始了。新生手册的首页上印着这样的一句话：这是你的大学。

　　当时的我不明白这句话，直到离开学校，游学在全国各个大学后我才突然意识到这句话的涵义。

　　因为在走读的过程中，我去过全国各种211、985之类的国家重点院校，也接触过各大院校的学生，最终得出一个结论，不管在什么样的学校，一个学生只有靠自己才能在大学里活出属于自己的精彩，再好的学校也有庸庸碌碌的人，再差的学校也有出类拔萃的人。

　　而当年我读大学的时候，和绝大部分的同学一样，虽然身在

"我的大学",但是其实我们并没有真正的在自己的大学里读过大学。为什么这么说呢?我相信百分之九十读过大学的朋友,初入大学时,都有过这样的抱怨:"这根本不是我想象中的大学","理想中的大学根本就不是这样的","这所大学里没有我想要的","大学的学习环境和氛围不好","都说我上大学,其实我是被大学上了"。

所以接下来的三年或者四年大学里,绝大部分身在大学里面的我们只求尽快完成学业,混过大学,考一堆证书,拿张毕业证,然后拼命找一份好工作。上大学最终的目的和初心早已不重要,更不要说在大学里努力奋斗过。

从 2008 年入学成为一名大学生,到如今,我还时常出入大学的课堂里,有时候去读书,有时候去做讲座,有时候去找朋友,有时候自己看书,接触大学差不多有十年的时间,到现在我还自诩自己即将进入大十,因为我坚定一个信念:在学习的这条路上,我永远不毕业。

近十年的时间里,因为一直游走在大学校园里,再加上我现在从事的工作,我每年都会接触到各种大学的学生和老师,听过各类老师和名师讲座。自己一直也在思考和研究大学和大学之间、学生和学生之间,究竟是什么原因,学生在大学里做了一些什么,才导致学校和学校之间、人和人之间有着这么多的不同。

所以七七八八的大概了解了一些中国大学的现状和问题,但是要让我回答中国的教育究竟存在什么问题,这个命题太大,我肯定回答不了。

因为工作的原因,每年都有许多学生发邮件或者当面询问我关于大学和大学生的许多问题,但是每个人的问题和所处的环境都不一样,所以根本就没有什么标准答案。

但是我始终坚信一点就是，所有的问题，都是我们自己的内心出了问题。

网上曾有个段子说："其实文凭不过是一张火车票，清华北大是软卧，本科是硬卧，专科是硬座，民办的站票，成教的厕所挤着。火车到站，都下车找工作，才发现老板并不太关心你是怎么来的，只关心你会做什么。"

事实真是这样吗？虽然说当今高校的教学机制和模式都差不多，学生和学生之间的总体学习方式和生活方式大致相当，但是不可否认名校和普通高校之间的确是有所差别，差别导致的原因不仅仅是高校之间的教育资源和文化底蕴的不同，我认为最重要的差别是眼界，眼界导致了学生和学生之间的差别。

何为眼界？就是在你目前所能接触的环境里，你能看得见什么？说句大白话，就是你看到的世界有多大。

好不容易找了一份专业对口的工作，发现大学学的完全用不上，自己也不喜欢这样的工作，于是只好回到学校准备苦读考研。

曾经有弟弟妹妹问我，大学该怎么读？大学的意义在哪里？我说这些问题你去问百度，上网一搜索就有答案，成千上万个人告诉你大学该怎么读，大学的意义在哪里，每个人讲的都有道理，比如多读书，读各种各样的书；多交友，交往能让自己成长的朋友；要学会独立思考，要有梦想，等等。比如大学的意义在于学知识，学做人，交朋友，学本事。但这些回答根本就解决不了你问的问题。为什么，因为他们说的是自己的大学，不是你的大学。

每个人所处的环境和角色不同，每个人的性格和心态都不一样，每个人都有自己所寻求的答案，所以我也解决不了别人大学该怎么读，我唯一能和你分享的是我大学里最遗憾的和在大学里做了一些什么。

先讲讲大学里的遗憾：

（一）浪费两年时间

大学里曾有近两年的时间，我还沉浸在高中学习思维里，埋头苦读专业书，背专业知识，看各种跨专业的专业书籍，后来有一段时间我还沉迷于玩游戏，白天忙着和女同学聊天以及约会，晚上就努力读书和学习。其实在很多同学看来我已经很努力，但是我也只是看起来很努力而已。如果大学的前两年我能多做些课外实践活动，多向同专业的学长学姐讨论专业的发展方向，提前分析和研究自己所学和自己所喜欢的。那么待到我毕业时，我就会有底气。

（二）没有学会聚焦

大学里要按一般学生的学习水平来说，我已经算很努力的学生了，大学看的书很杂，算上专业书、课外书、小说，我起码看了400本书，尤其是我在学校毕业季的时候，专门去收学长的各类专业的课本，什么经济学、工商管理、物流学、市场营销这些书籍我都有一整套，我大学专业学的是环境艺术设计类，于是各种图像开发软件我电脑下了一大堆，教程一大堆，尤其是这些软件涵盖影视剪辑、图像制作、编程、网站开发，每一样我都学，花了很多的时间，到最后每一样都略懂一点，但是没有一样学得很精，出去找工作根本就没有一样是我的绝活。但是这样学有一样好处，就是我能和各种人聊天，脑袋比较灵活，能举一反三。网上有一个天才理论，叫一万小时定律。意思就是不管你做什么事情，只要坚持一万小时，基本上都可以成为该领域的专家。如果我当时从大一开始聚焦，每天坚持花4小时～5小时学习一门喜欢的学科，只要五年，坚持五年，大四毕业，再努力学习一年，我就基本上能成为一个领域的行家。而我没有这么做，所以视为一大遗憾。

（三）没有一样绝活

如果让我给现在的弟弟妹妹一句话，大学该怎么学？那么我最想回答的一句话是一定要修炼一种能力，让人无可代替，这叫核心竞争力，这个能力不一定是专业知识上面的。

我大学最后悔的就是没有意识到这一点，年轻的时候趾高气扬，记得有一次和朋友在一个协会里一起共事，每次都觉得为什么总是别人出风头，为什么我总是要听别人的，为什么我的建议别人不听，于是每次都不服，然后做事吊儿郎当，不去用心做，喜欢和协会会长对着干，我还特别得意。直到有一天，有个学长毕业时，我请他吃饭，我一脸得意地对他说，自己在协会里如何不听从会长安排，如何和她对着干，如何不服气。结果，学长掏心掏肺地对我说："何东，我觉得你很聪明，人又讲义气，作为朋友、作为兄弟，我问你，你觉得你现在做的这个干事的职位，你们会长换一个人能不能做？"我点点头。学长继续问道："那有没有可能，换一个人后比你做得更好？"我想了想，还是点点头。然后学长一句话，就把我给惊醒："那试问，你在你们协会里的价值在哪里？你有什么绝活和特色让人家欣赏你？你的核心竞争力在哪？"

他的一番话，给我泼了一大盆冷水，但是句句在理。如果看到这篇文章的你已经毕业了，那么我们也得好好想想，你的优点、绝活、特色、闪光点又在哪里？一个团队一个公司永远需要有绝活和能独当一面的人。

在没有绝活之前，就静下心来，好好学习，学会一种本事，让人无可代替。哪怕是做饭，哪怕是折纸飞机，一定要让自己有价值。我毕业工作后，才想明白这一点，实为一大遗憾。

（四）没有创建一个团队

最近正流行的一句话：朋友圈的高度，决定了你的高度。作家的朋友大部分是作家，商人的朋友大部分是商人，当官的朋友大部分是当官的，就像马云的朋友圈基本上都是李连杰、马化腾、雷军等这样的大佬。

所以在现实生活中，我们和什么样的人在一起共事的确很重要，因为它有可能会影响我们人生成长的轨迹，有时候还会决定我们的人生成败。

大学也是如此，遍观中国所有的大学，学生会主席一般接触最多的是学校的团委和老师，因此他们大部分在学校混得如鱼得水，而协会社长则和其他协会的社长相熟悉，在学校从事各种活动时，也更加便利。

而我接触过许多学校学生团队的学生干部和许多学生合作的企业，一般他们找人合作时，基本上都是找团队的学生干部。

大学时我经常在学校做活动，但是每次想找其他协会合作时，别人都会问，你是什么协会的负责人，如果不是负责人对方一般直接找个社员把你打发了。

所以读大学时，要想接触更高的人脉，一定要成为一个社团的学生干部或者自己组建一个团队，哪怕只有一个名字或者下面只有几个人，没关系，你的标签在那里。

你有什么样的标签，就有机会和什么样标签的人在一起交流和学习，你是什么样的人，就会吸引什么样的人和你交流，和勤奋的人在一起，我们不会懒惰；和积极的人在一起，我们不会消沉。与智者同行，我们就会不同凡响；与高人为伍，我们就能登上巅峰。

圈子不同，何必强融，其实你想融也融不了。而且作为一个团队的学生干部，你自然会逼着自己像领导一样去思考去学习去锻炼和成长自己，所以在最初读大学的时候，我有一大遗憾就是没有组建一个团队。

（五）没有学会珍惜

每个没读大学的人，都曾渴望读大学，每个读过大学的人，毕业后都会后悔，后悔自己没有好好读过大学。

大学四年可以说是生命中最自由的一段时光，在这段时间里，我们会奠定未来发展和生活的基本雏形，我们的兴趣爱好，独立思考意识，交友明辨是非能力，人际交往能力，心态思维和眼界，都在这段时间内萌芽。

读大学的时候，在兴趣爱好上，我没有多去发展，只培养了旅行这一个兴趣爱好，其他的基本上是空白，弹吉他、跳舞、玩音乐、练太极，如果有机会我将逐一学习。因为看起来每一样对未来工作没什么帮助的事，在走到社会上以后，都能为我们加分，也能增强我们的自信和个人魅力。而毕业后，工作的压力已经不允许我们再花大把的时间学习。

对于交友和人际交往，我自认为不曾负了大学四年，但是依然有遗憾，大学里我所在的班级有 40 多个学生，真正到现在还经常联系的，已经不超过 10 个，真正玩得好的不超过 5 个，所以步入社会，越走越孤独。很多人说大学就这样，毕业后各自有了新的圈子，不联系很正常。但是这都是借口，人和人之间讲究的是付出，是主动去关心，回想自己的大学时代，因为性格活泼的缘故，虽然和大家玩得好，但是真正掏心去关心去付出去结交的朋友少之又少。当年，为了一些小事经常和宿舍的兄弟心生嫌隙，嫌他们在宿舍里吵，抱怨他们每次都让我在宿舍多搞了一次卫生，每次宿友托我去超市带点东西，去食堂帮他们打一次饭，我就很不情愿。现在想想，还想为他们打一次饭，扫一次地，打一次水，今生已经再无可能。

现在想想，那时的美好时光，因为自己做得不够好，没有珍惜，留下太多遗憾。

我后来也思考过，大学里的我不够优秀和比较失败的地方总结一下就是以上这五点。这也是我大学前两年比较迷茫的原因。

为什么会迷茫？因为问题太多。什么都要问，却从不自己思考。而且不断否定自己，那个怎么学？这个怎么做？这个太难，那个不可能，这个有问题，因此就越学越没有方向，越迷茫。

虽然大学里留下了一些遗憾，但最终让自己慢慢走出迷茫，让自己越走越有信心，让自己成为自己。

大一混过去一年，大二的时候我就开始思考，大学毕业后我应该具备哪些能力，才能让自己走出社会之后能够有饭吃，而毕业后的我又能靠什么在社会上立足。

后来想了很久，看了无数名人列传，终于罗列了几十个答案，后来又选出了下面几个答案：努力、学习力、灵活度、诚信、人脉、勤劳以及善良。

于是我为了提升学习能力，我不断去拜师，去学习，去向有经验的人请教，去研究对方的思维模式和行为模式，然后在对方的基础上思考，如何复制和创新。

大学最后两年，我做了许多兼职，经常往全国各个地方跑，每次都是带着目的去半工半读。

我每去一个城市或者一个学校游学，我都会提前准备功课、查资料，自己去的这个城市有什么学校，最好的学校是哪所，城市的特色和历史在哪里？我要去学什么，体验什么？

慢慢的，我的脑袋越来越活，很多时候做事能举一反三，很多东西别人一点就通，平时不断地和人交流，去用心为他人付出，和人合作或者共事时，少说多做，多为他人着想，不计较，不抱怨，答应别人的事一定去做。

慢慢的我越来越被人喜欢，慢慢的我成为自己喜欢的样子，慢慢的我在自己的大学里如鱼得水，我不再抱怨大学不好，环境不好，别人不好，因为我一直告诉自己一件事："不管在什么地方，做什么事，学习什么，何东，你都要记住，这是你的大学，这是你的生活，这是你的人生，你的大学，你的人生，你自己做主。"

在青春里最美的一段时光

我们不能辜负了青春，更不能让青春辜负了自己

永远年轻，永远热泪盈眶

第三章

花样年华

她脚踏祥云，她面如菩萨，她巧笑
倩兮地出现在我的生命中，就是为
了让我知道，其他姑娘对于我来说
只不过是浮云，也只是浮云。

原来你也在这里

年轻人喜欢听故事，尤其是爱情故事。爱情故事里面最喜欢听的无非就这么几种。

男生喜欢女生，追了许久，历经波折，终于感动女生，然后俩人在一起，王子和公主幸福地生活在一起。

女生喜欢男生，爱慕了很久，有一天终于鼓起勇气表白，然后两人在一起，公主和王子快乐地生活在一起。

还有一种就是他和她恰巧遇见，刚好相谈甚欢，最后一见钟情，然后俩人在一起，公主和王子有着唯美的爱情，幸福、快乐地生活。

每次活动的时候只要坐下来就会和一群弟弟妹妹聊天。

第六季在爱中行走活动的时候，大部队来到海南省三亚市的天涯海角。晚上篝火晚会后，我看到旁边一群志愿者围着聊天，我就好奇地走了过去。

他们看我走来，一小伙子一脸兴奋地说："东哥，和我们讲讲你年轻时的荒唐事吧，昨天我们都听说了。"

我一脸苦笑，昨天刚刚和另外一群队友吹了吹牛，就讲了下自己年轻时轰轰烈烈的爱情故事，谁知今天就传开了。于是便吐了吐舌头假装怒道："谁说的，谁说的？"

为了岔开话题，我赶紧说："今天主要是来听听你们的故事。"

他们连连摇头说："不不不，想听你的。"

旁边一个无数次听了我吹牛的小伙子说："赶紧让东哥讲讲，他的爱情故事那可是一箩筐一箩筐的，简直是一部自传体言情小说。"

我走过去敲了敲他的头说："小说你个头。"

其他小伙伴看着我们这模样，哄堂大笑，边笑边起哄："东哥不能偏心，赶紧讲讲。"

我笑着摇摇头，双手合十害羞地说："今天真的听你们讲，哥当个倾听者好吧，谁先来？"

小伙伴们相互推诿，一个木讷的小伙子欲言又止，我指着他说："来，就你了。"

小伙子说："那，那我就讲讲？讲不好不要笑话我。"

我笑着小手一挥，对小伙伴们说："来鼓掌。"然后屁颠屁颠去后勤车上搬来一箱啤酒，对着大伙说，你们给我讲个故事，我请你们喝酒，可好？

就这样，一个叫小可的小男生，在天涯海角的海边开始慢悠悠地讲起来。

一

小可说，我遇见她是在高三的时候，因为前面我读的那个班是学校最普通的班，学习氛围太差，上课打牌、睡觉、看小说、嗑瓜子的现象实属家常便饭，甚至还打麻将。

任课老师每次来上课的第一句话都是："同学们，求你们玩的时候稍微能安静点就行。"因为这样，高二一结束，我们班就被学校强行重新分班，打散到其他班级。而我被学校分到了一个新的班级，然后阴差阳错的遇上了一个这辈子怎么也忘不了的人。

缘分就是这样，以前我拼命找啊找，每天都混在女孩子堆里，但就是没有能入心的，谁知我被学校强行分到一个新的班级，就遇上了她。在遇到她之前，我基本上属于常人眼中的坏孩子，打架、抽烟、喝酒、赌博、天天混在女孩子堆里，说话油腔滑调、做事吊儿郎当，在学校属于嚣张跋扈的那种人。

可遇见她以后，我说话的语气都不同了，每次说话我都会很紧张，生怕她看出我身上吊儿郎当的毛病，尤其是刚开始，每次在和她说话之前，我基本都要深呼吸几遍才敢和她说话。

那时遇见她的感觉用一句话表示那就是："我望了她一眼，她对我回眸一笑，生命突然苏醒。"就像张爱玲写给胡兰成的那句话："见了他，她变得很低很低，低到尘埃里，但她心里是欢喜的，从尘埃里开出花来。"

我们听着笑道："爱情的魅力真大。"

"还有呢？还有呢？"一小姑娘催促。

小可害羞地笑了笑，继续说道。

任何一个嚣张的人，哪怕再强大，都会遇到一个属于自己的克星，她的出现会融化我们内心所有的堡垒，甚至外表所有的刺都会消失得毫无踪迹。

高中的时候，我贪玩但成绩还可以，只是我偏科严重，喜欢的课程，每门基本满分，不喜欢的课程，我基本上及格都难，因为上课就没认真听过，每次要么睡觉，要么看小说。自从遇见她以后，不管上什么课，我根本就不敢开小差，每次都是坐得正正经经的。

我学的是文科，除了数学和英语，其他几门功课成绩特别好，而且在学校人缘也很好，很多老师也特别喜欢我，班主任也时常给我找数学老师和英语老师开小灶，所以当时我就特别骄傲，基本上我谁也不服，直到看见她。

记得第一次，我和她说话是因为，全班模拟考试，只有她一个人的卷子没有交上来，作为历史课代表的我自然要去问，我小心翼翼地找到她说："卷子马上要交给老师了，你的怎么还没交上来呢？"

她抬起头，水汪汪的眼睛笑着，用手比了个"嘘"的手势小声对我说："等等我哦，刚刚不小心睡着了，还有一下子就做完了。"

我看着她，木讷地点点头，那张偷偷看了无数次的脸，就近在咫尺，心里小鹿乱撞，七上八下，阳光打在她的脸上，我当时就觉得她是世间最美的女子。

现在想想，如果画面能一直定格在那一段时光该多好，只要能让我就这样一辈子静静地看着她，未来的日子有没有又和我有什么关系？

因为这件事，我们有了接触，虽然我表面上装得若无其事，但是暗地里，经常故意接触她和关照她，托人打听她的情况，考试的时候给她小抄，偷偷地给她改试卷上错误的答案。

生命里有多少回，我们以别人不知道的方式，心甘情愿地爱着一个人，哪怕对方不知道；我那时就以她不知道的方式关心和在乎着她。为了引起她的注意，我就拼命打听她的喜好。

她喜欢看的书，我就偷偷地看，看完后，故意趁她在的时候，在班上和同学高声阔谈，只为吸引她的注意。她喜欢看的电影，我就偷偷地去看，看完故意在班上分享给同学。我把她的空间从头到尾翻了个遍，贿赂她闺蜜了解到她喜欢吃什么，然后故意买一些分给她吃。

我喜欢她，是暗地里的，在别人面前我趾高气扬，在她面前我是自卑的。从小到大，我这么骄傲的人，就在她的世界里不自信过一回。

我和她在一起，是因为她闺蜜的一个玩笑。准确地说我开始追她是因为她闺蜜的一个玩笑。

有一次我请她和她闺蜜吃饭，吃饭的时候，我不停地看她，帮她夹菜，这时候她闺蜜开玩笑说，你是不是喜欢我们家小草啊。

我心中一惊，脸立马就红了，赶紧吞吞吐吐掩饰说："啊，同学们我都喜欢啊。"

"别狡辩了，明眼人都看得出来，那你是不是想追她呢？"她闺蜜笑着问。

当时听到这话，我满脸通红，一脸尴尬，紧张得手心全是汗。用现在的话来讲，就是心中忐忑不安。

记得当时我找不到合适的话回答，于是便说："是啊，是啊，我连你都想追。"

她巧笑倩兮张嘴一笑说："小可，别听她的，吃饭。"然后给我和她闺蜜的碗里各夹了个菜。

我心中一万个惊喜飞过。

吃完饭以后我回到宿舍，想着和她吃饭的场景，心中一阵阵甜蜜。躺在床上想她的每一句话，想她的样子，脑海里全是她的一颦一笑，我发现我彻底爱上了，十八岁我第一次发现思念是那么的苦涩。

上晚自习时，我心神不宁，思绪飘飞，脑中一直是她的样子，看着平时最讨厌的数学老师在讲台上眉飞色舞地讲解题目的样子，我都觉得不讨厌了，看着黑板上的字我都觉得好像在动，动着动着就变成她的名字。

她闺蜜的话，在耳边飘来飘去："你是不是喜欢我们家小草啊，你是不是……"

我心里一个声音响起："是啊，是啊，是啊，我就是喜欢她，就是喜欢她。"

现在想来，很多所谓恋爱，无非是我遇见你，你遇见我，因为寂寞，然后在一起。所谓的结婚，无非是你看着我，我看着你，都还合适那就在一起了。而所谓的爱情呢？就是你和我在想恋爱的时候遇见，在各自等待的时候出现，在想找个人爱的时候，恰好是你。

而我不是这样的，我好像觉得她生来就是为我而生，我生来就是为她而活，我当时觉得全世界除了他爸，男人中就只有我能对她好，就只有我能给她幸福。

她脚踏祥云，她面如菩萨，她巧笑倩兮地出现在我生命中，就是为了让我知道，其他姑娘对于我来说只不过是浮云，也只是浮云。

我记得当年我给她传过纸条，我们在纸条上最后一段对话是这样的："我发现我真的是喜欢上你了，我无可救药地喜欢上你了，我知道我现在没有能力对你好，但请放心，今后你就是我的生命，哪怕你是一块石头我都会把你感动得变成鸡蛋。"纸条通过五个人的手，然后到达她的手中，她看完趴在桌子上没说话，我当时就恨不得我就是那张桌子，过了一会纸条经过同学的手传到我手中，我全身紧张，小心翼翼，手微微颤抖地捏着纸条，根本就不敢看上面的内容，好像这不是一张小纸条，而是命运的决断书。我调整好心情，慢慢地把纸一点一点地翻开，最后上面写着这样一句话："我爱撒娇，我爱发脾气，我还有公主病，我还特别小气，但我喜欢谁，我一定会去告诉他，我敢爱敢恨，我只是觉得你人很好，我们聊得来，和你在一起说话很开心，但我现在无法告诉你我是否喜欢上你，但我等着被你感动。"

虽然被安上了"好人"牌，但这个晚上以后，我们关系更加好了，我们一起上课，一起下课，一起散步，一起去食堂吃饭，一起逛街，一起去网吧上网，一起去电影院看电影。

那一年我牵过她的手，偷偷地吻过她的脸，当时的我就像披着铠甲的孙悟空，脚踏五彩祥云，走路轻飘飘的，就觉得世间所有的美好，都不及她陪在我身边。

我成为全世界最幸福的人。

她一笑，我全身就暖了，她轻唤我的名字，我心就酥了，我偷偷地吻了她的手，全身就像掉进蜂蜜罐子里去了，她和我说了声晚安，第二天上课，我准迟到。

朋友说我在她面前就像条小狗，任她传唤，可他们不知道，我甘愿做她的一条小狗啊，只要能看着她，守护着她就好。

在守护她的那段日子里，我为她和同学打过架，为她和老师对着干，为她和兄弟翻脸，为她和其他的女孩子再也不联系。当时我的世界里只有付出二字，活着只有一个目标就是感动她，除了这个，再无其他。别人是整天为高考加油，我是为感动她努力。

她喜欢吃红薯干，我就每天去买，高中的时候每个月没什么钱，我就不吃饭，天天吃一块钱一碗的炒粉，节约下来的钱，每天都去给她买一包红薯干。

我们学校在河西，后来有同学告诉我河东有家超市同一个品牌的红薯干便宜了五毛钱，从此每天下课后我都会跑上几公里，就这样练成了飞毛腿。

她喜欢收集小石头，于是那时我就每天去河边找，最后找着几块有点像爱心的小石头，又用了一个月的时间把石头磨成爱心，送给了她。

她家住县城，有一次周末她回家了，半夜发动态说想找人说话，我在下面说我陪你说。她回复，来啊。于是我屁颠屁颠的在凌晨三点爬围墙穿越半个县城去看她。

我喜欢她，是深入骨髓的那种，因为她，我在班上做事处处抢第一，出勤率、成绩、出黑板报，我几乎通通包了，是她让我无往不胜。

这样一直持续到毕业。

二

我们期间也冷战过，原因是有很多男生追她，其中还有我一个兄弟。

当时我们俩谁也没有明确过恋爱关系，我也从来不在乎，只是想守护她就好，只要她幸福就好。

和她关系最好的时候，我阴差阳错听了一句话："爱一个人就不要束缚她，要给她想要的自由。"就因为这句话，把我给害得很惨。为啥？爱一个人不要束缚她，要给她自由。那时凡是来追她的人，我只要看见那些男生来找她，为了怕她尴尬，我就远远地走开。

记得有一次，我们冷战着，我得知小木买了一束花在教室里等她，她故意跑出去躲起来不见他，我跟在她后面告诉她说："小木来找你了。"

她没理我，就一个人径直的走进大雨里。我就跟在她后面，她慢慢走，我也慢慢走，她慢慢跑，我也慢慢跑，跑着跑着，她就停在我们经常去的一个操场歇斯底里大哭道："你能不能不要跟着我。"

我是第一次听一个女孩子哭得那么伤心，而且还是我最喜欢的她，听着她的哭声，我颤抖得魂都没了，我们俩就站在雨里。过了会儿，她看我没动静，就继续跑了，我生怕她哭得更凶，就不敢继续追她。

我发誓，我这辈子都记得她那次哭，我现在一想起那个画面，我心都绞疼着，我恨死那时的我了，如果上天再给我一次机会，我一定在她哭的时候，哪怕她不愿意，我都要狠狠地去抱着她，去给她一个拥抱和依靠。

小可声音嘶哑，一脸平静的说完，喝了口酒，继续说下去。

都是这句话害的我，"爱一个人就不要束缚她，要给她想要的自由"。你们下次有谁来追你们的男人或女人，你们就算拼命也要把他们打跑，不要再像我这样了，为爱要勇敢一点。

在座的一个姑娘递给他一张纸，小可摆摆手说："没事没事，是不是有点丢脸，爱一个人懦弱成我这样。我想是我亲自把这段感情葬送，是我没守护好她。不管我们有没有在一起，我能肯定，我曾经肯定住过她心里。"

后来呢？有人小声问。

后来我们毕业了，高中以后我们各自天涯，她去了东莞读书，读了一年就没读了，而我去了湘西。

从大一到大二两年的时间里我不知道和她打废了多少张公用电话卡，绞尽脑汁坚持每天和她发一条原创肉麻的短信，每天午夜 12 点准时道晚安。

说着说着，小可停顿了下说要不我给你们念几条和她发的短信？几个小女生拍手说道好啊好啊。于是小可就给我们念了几条短信。

小可念完短信，告诉我们："我坚持发了两年哦，730 天，我就发过 730 条短信，发到她已经养成习惯，看不到我的短信就会伤感。"

直到有一天，她发短信告诉我说，谢谢你这些年的厚爱，也谢谢你的关心，把这段过往当成故事吧，你好好念书，我有男朋友了，祝幸福。

我最后发了一条短信，一共 472 个字，就再也没有和她联系过。

没有啦？我们继续追问。

哪有这么容易结束，如果这么容易结束，我今天就不和你们说了。小可继续说道。

我记得我曾经发过一条短信给她："亲爱的姑娘，你往前走，遇见爱的人你就去爱。如果有一天你累了，你疲倦了，只要你一回头，我就在你身后，我哪里都不去，我就在原地等你。"

我从高三的时候遇见她，遇见她那天是 7 月 2 号，直到我大三，我一直喜欢了她四年，也守护了她四年。

大学里不是没有女孩子喜欢我，但是我都一一拒绝了，因为我心里住着一个人，我害怕辜负，害怕对不起别人。

我不想谈恋爱吗？我想。身边的大学同学每次都带着女朋友卿卿我我，但是每次我只要想想她，就过去了，只要拿出她的照片看看她，我就心满意足了，只要能听听她的声音，就已足够。

她是我高中遇见的女孩，但是我大学里所有同学包括老师基本上都知道她的名字，因为我数次当着同学和老师的面，隔空向她表白。

记得有一次圣诞节，我们学院搞圣诞晚会，我朋友做主持，负责策划，然后她怂恿我去唱歌，我想都没想就答应了。

我的节目是演唱《老鼠爱大米》，是压轴演出，我提前就和我班上的男同学女同学沟通好了，那天只要音乐响起，我在台上一开口，男同学就帮我一起喊："小草，小可爱你……"女同学就帮我唱《老鼠爱大米》。

圣诞节到了，晚会开始后，轮到我时，我走上舞台，拿出手机，给她打了个电话说："丫头，什么都不要说，给我十分钟就好。"

然后静静地把手机拿在手上，音乐响起，我独白起一段练习了很多个夜晚的独白："从来没有承认爱上你是一个错……"

那个节目，那天晚上，几百名同学替我不停地喊着和唱着，在座的所有评委老师都给我竖起大拇指。

节目结束，我独自一人带着手机离场，听着她的哭泣，我把电话挂了，静静地躺在草地上。

那一晚，我一战成名，后来同学小强告诉我说，当时可把那些女同学感动死了，很多男生都哭了，从此我们学院留下了我的传说。

三

2010 年，听说她快结婚了。

有一次很想很想她，见不到她就像身上有一万只蚂蚁在挠心口。于是我翘课，我买了一张火车票，横穿半个中国来到她所在的城市。到了东莞，我叫了一个同学把她约了出来，我躲在她楼下的墙角，就偷偷地看了她一眼，就一眼，看着她还是我记忆中的样子，我就转身了，买了一张票就回到学校。

从此以后，我再也没有和她联系，你们说这算不算相忘江湖？

小可喝了一口酒笑着问我们。

2011 年 5 月，朋友告诉我，她要结婚了，但没有通知我。她结婚的那天，我回去了，回到我们县城，我没有去找她。我回到我们曾经的学校，从我们相遇的教室开始，我坐在她曾经坐过的座位上，一遍又一遍地想起和她相遇时的样子，想着她的一颦一笑，然后从学校开始，沿着我们曾经在这座城市里一起走过的路，去过的地方，走过的桥，又重新走了一遍。

每次我的朋友看见我就说，真傻啊，为她付出那么多，为她坚持了那么久，真的不值。

我扪心自问，不值吗？喜欢自己喜欢的人，做着自己喜欢做的事，有什么不值的？

更何况这个世界上根本就没有什么值不值的，所有的事情都不过愿意二字，有些人能出现在你的生命中，已经实属不易，遇见过就已经足够。

"你们说呢？值不值？"小可抬头问我们，有几个小姑娘们没说话，低头沉默，我对着小可点点头，举起啤酒说：来，喝酒。

小可看了看周围笑着说："还是东哥懂我。"

我以为他说完了，就上前给了他一个拥抱，准备离开，刚要转身，小可就继续说："真的，不管你们信不信，我从来都没有后悔过，我想都没想过后悔这个词，哪怕曾经有无数人问我后不后悔、值不值，因为我一直把她当作我生命中的一个天使，到现在我都一直感谢她，感谢她拯救了我，让我在自生自灭的路上，突然悬崖勒马。是她在我十八岁的那年出现在我的生命中，给予我美好，她像一个菩萨来到我的生命中，只是为了渡我一程，见我有所成长，就离开了。就是她让我学会爱、学会付出，学会理解和包容。"

看着小可的眼神，我看出真诚，这真的是一个很不错很执著的孩子。

有一个小伙子问，后来你们见过面吗？

小可说：见过，就在去年过年的时候。

那时我回家过年，恰逢一个高中同学结婚，同学的父亲把我领进一个包厢，婚礼还没开始，我低头坐着玩手机，过了会儿看见有人进来，我抬头看过去，抬头的一瞬间，我愣住了，我看见她微笑地看着我，我们四目相对，我心里曾想过无数次我们重逢的场景，谁知道在这样的场合，我刚想开口说些什么，只听见她熟悉的声音轻轻响起："嘿，你怎么也在这里。"

我心中翻江倒海，脸上却云淡风轻，我屏住呼吸，微笑、慢慢地把身体坐直，绷紧，看着她，就像第一次看见她那样装作若无其事，笑着回道："是哦，原来你也在这里。"

那一天，我手心全是汗，我们聊着天，就像第一次见面那样。

小可把故事说完，我们把酒喝完，已到深夜，大家各自散去。回看营地，队友有的睡去，有的三五成群悄悄地说着一些什么，有的偷偷躲在帐篷里写着属于自己的故事。

　　我坐在海边一艘破旧的船上，思考着一些什么，听完小可的故事，我像看到另一个自己，我们都执著于爱，又痴迷于情。

　　我们都在最美的年华里遇见彼此，因为愿意，所以相爱。我们都在最美的年华里陪伴彼此，在相聚的时候相聚，在该离开的时候离开，惜缘随缘。我们都曾把自己最美好的一面展现给对方，这又有什么不美好的，又何谈辜负。

　　我们相遇的不早不晚，我们爱的不早也不迟，最后又在该离开的时候离开。没有早一步，也没有晚一步，只不过命运刚巧是这样，一切都刚刚好。

　　张爱玲曾说："于千万人之中遇见你所要遇见的人，于千万年之中，时间的无涯的荒野里，没有早一步，也没有晚一步，刚巧赶上了，没有别的话可说，唯有轻轻地问一声：噢，你也在这里？"

　　那我们为何就不能在分别的时候，轻轻说一句："嘿，愿各自安好！"

　　爱这个字，上下分开，还可以是朋友，人生这场缘分，缘起缘灭，缘散缘聚，冥冥之中都有定数。不是所有爱情都有结局，亦不是所有相爱的人都会分离。所以各自随缘，各自安好。爱的时候好好爱，付出的时候认真付出，好好珍惜，就不枉这一场相遇。

　　后来，我在小可空间看见过这么一段话："爱是一场修行，爱情里，很多时候根本就没有所谓的值不值，在恰当的时候遇见，在想爱的时候爱过，而且还是爱着愿意去爱的人，还有什么不值呢。而且她的出现，让我幸福过，让我懂得付出，懂得去爱，最后懂得放手，这对我来说已经是一场莫大恩赐。"

是啊，彼此遇见，就是最大恩赐，我突然对爱情有了新的感悟，最好的爱情应该是，你爱着我，我爱着你，你爱过我，我爱过你，我们刚好都在这里。

爱情有时候就像我们播下的种子，有时候没有在对方身上开花结果，并不是我们的爱不够多和不够好，而是因为你在他的土地上恰巧水土不服。

所以我一直佩服和欣赏那些为爱为梦想执迷不悔的人。

每个人在生命中都会遇到那么一个让你学会爱的人，也许最终的结局是你们没有在一起。那也无关紧要，因为遇见过，所以美好，下次再度重逢时，彼此轻声说一句："嘿，怎么你也在这里。"

我们好像在哪里见过

在你的生命中有没有遇见过这样的一个姑娘？

你们俩坐下来就有说不完的话。

你们俩有着共同的爱好、理想，甚至信仰。

你们俩喜欢着相同的事物，坐在一起就算半天不说话也不尴尬。

你们俩坐在一起无须说很多话，就能把一件事讲清楚，很多时候还能用眼神交流。

你们俩可以说彼此的缺点而不害怕伤害对方，你懂她的唠唠叨叨，她懂你的欲言又止。

你可以告诉她你喜欢她哪里，她也可以直接拒绝你。

你们俩在一起的时候，她能把自己最蠢的一面展现给你，你也可以不掩饰地把最脆弱的一面展示给她。

你做一件事才刚刚开始，她就能猜到你的目的；她做一件事，还没开始，你就能猜到结局。

你们在一起很容易同频，也很容易同步。

你俩有很多的不同，也有很多的相同。

你们之间的关系大概可以用一句话形容："友达以上，恋人未满。"著名作家廖一梅曾说:"人生在世,遇见爱、遇见性都不稀罕,稀罕的是遇见了解。"所以,我想我是幸运的,在我的生命中,就有这么一个姑娘。

我们俩有着基本上相同的梦想、信仰和价值观。

我们俩喜欢着这座城市里的同一家咖啡店和小书屋。

我们俩都喜欢在校园里的同一条小路散步、写东西、发呆。

我们俩都喜欢自言自语,喜欢和自己和小草、小虫、小动物说话。

我们俩喜欢着相同的乐器,都曾学过画画。

我们俩执著着同样的东西,甚至放不下的东西也一样。

我和她相遇在2012年的春天,相遇的那个时候,她刚好要毕业。

嘿,那个喜欢太阳花、喜欢向日葵、喜欢微笑、喜欢公益、说话大大咧咧、那个名字叫作小鹿的姑娘,嘿,现在的你在他乡还好吗?

一

我们坐在楼梯上,她问我:"何东,你猜我这辈子最放不下的一样东西是什么?"

我直直地盯着她没有说话,过了会儿她羞羞地笑着说:"好啦,我不问这么傻的问题啦。"

我捏了捏她的脸笑着说:"傻姑娘。"

那天我们都喝了点酒,因为马上出国,她准备把几个正资助的贫困孩子，托付给我们这一帮留在国内的朋友，所以请我们吃饭。席间她去上厕所，我坐在酒店的楼梯上等她。

她出来看见我坐在楼梯上，就坐在我旁边问我："我能抽支烟吗？"因为喝了点酒，她的脸红通通的。

我看着她问："傻姑娘，累不累？"

她停顿了会儿，回答我说："何东，你猜我这辈子最放不下的一样东西是什么？"

这是我们认识后的最后一次见面，时间是 2013 年的 6 月 26 号，而后她去了一个和我相差十六个时区的地方留学。

二

小鹿是我见过最豪爽的女孩，你妹啊，是她惯用的口头禅。记得我们第一次见面的时候，我们差点吵架，因为我们第一次相逢时，她就把这个"你妹啊"的口头禅送给了我的朋友。

记得那会儿和往常一样下课后坐在我的小店子里做一份客户的礼品设计图，一姑娘来找我的朋友老漆借安卓手机，因为她明天就要参加英语专业八级的考试，所以需要一个智能手机下载一份资料查一查答案。我另外一个朋友鑫哥听她明天就要考试了，就说了一句："明天就要考试了你还在这闲聊什么，还不赶紧回去看书。"谁知这姑娘张嘴就来了一句："看你妹啊看，明天就要考试了还看。"

当时正在做着设计图的我，听见这话，心里嘀咕，哎呀妈呀，这是什么样的一个姑娘啊，性格这么慓悍、霸气，谁找她当女朋友就惨了。

谁知他们继续聊天，你妹啊，你妹啊，多次从她嘴里笑着吐出来。

我一向爱好打抱不平，看到这样的姑娘就想用话刺激她一番，于是我头也没抬地对她说："哎哟喂姑娘，你知道文明和礼貌的单词用英语怎么写吗？"

她笑着说："哎哟喂，要我教你吗？"我抬头看向她，她看着我，我们四目相对，突然异口同声地说出一句话："我们好像在哪见过唉！"

朋友老漆怕我们吵架就笑着说："东哥，她脾气很好的，你妹啊，是她的口头禅，所以不要介意。"

我笑了笑，没说话，因为隐隐约约感觉似曾相识，所以就没计较，然后专心工作，这应该算是我们第一次真正意义上的见面。

第二次见面，还是在我的小店。

有一天，我在小店里正和一个客户天南海北的侃话儿，顾客是个女孩，新疆人，长得人高马大，我叫她新疆大妞，她想买我的一个手工青花瓷书签，但一直和我讨价还价，还着还着，我们就天南海北地聊了起来。正聊得起劲，这时候一长得挺漂亮的姑娘走过来和我们打招呼说："嘿！"我心中一颤，寻思着我啥时候认识了这么好看的女孩，竟然主动和我打招呼，难道今天走了桃花运？举起手刚想说话，谁知新疆大妞和她聊了起来，原来她是和新疆大妞打招呼，她们是一个专业的同学，我举起的手无处安放，一脸尴尬。

得知她同学要买书签，她很豪爽地拍了拍我肩膀说："这是我朋友，你赶紧给她打个折，我和你老板很熟，我那天还和你说过，我们好像在哪见过呢，所以你赶紧便宜点。"

我往她身上偷偷瞟了瞟，她今天化了点淡淡的妆，穿着一件中式旗袍，显得典雅气质。于是故意打笑道："咋了，讲个价还要攀亲带故？"她没回答，反而笑着说："和你说真事，你是不是上一次去过我们学院的公益晚会分享？"什么学院？"外国语学院。"哦，那没有。

新疆大妞在一旁把玩着青花瓷书签一脸的委屈说：哎，三个女人一台戏，谁知你们一男一女也一台戏。

她笑着说："没啦没啦。我就感觉我们好像在哪里见过。我记得你了，上次在白石港福利院元旦公益晚会上，当时我是主持，去后台的时候，一直看你忙上忙下，你还给我递过一瓶水。"

我一拍脑门说："记起来了记起来了，可当时的你没这么好看啊。"

她脸一红，大眼睛对我眨了眨说："那我现在很好看吗？"

我老脸一红，心想道，怎么这么直接。

过了会儿她看了看表说："你们聊啊，时间快到了，我要上楼去学跳舞了。你给我个 QQ 呗，我们回头聊，下次一起去做公益。对了，我叫小鹿，很高兴认识你。"

她把手伸向我，我握了握她的手，突然心跳起来。

走时，她还不忘对我说："记得给我朋友打个折哦。"

这是我第一次知道她的名字。

她走后我和新疆大妞继续聊天，新疆大妞告诉我，小鹿大学四年一直做公益，是特别善良的一姑娘，常年资助云南的几个小孩子读书，每年都会给很多小朋友邮寄爱心物资，在她们学院是风云人物。

我心中寻思到，这年头喜欢八卦、爱打扮、爱旅行、爱玩、不喜欢读书、文学底蕴稀疏得和大四的课程一样的女孩子满学校满大街都是，可善良、简单、爱笑、爽朗、还资助小孩、喜欢旅行、热爱公益而且还长得漂亮的姑娘就少之又少，简直可以说是凤毛麟角。

故事本该告一段落，却一不小心她留了我的 QQ。

如果没有留下 QQ，基本上就没有后来我们俩之间的故事，更没有我生平很多的第一次。

三

很多时候我们心中想要找到那个人，在没遇到之前，其实我们已经有意无意地在脑海中想过许多遍，我们想过她的样子、性格、爱好、脾气，甚至她的身高，我们渴望碰到一个彼此懂得自己的人，于是我们不停地在人群里按着自己的想象寻找着心目中的那么一个人，幸运的人找着找着就遇见了，不幸运的人每次遇见也只是擦肩而过。

在遇见她之前，我从来没想过自己真的能碰见一个在心里有意无意描述过很多遍的姑娘，我们俩的兴趣、爱好、脾气、性格基本相同。

有一天我空间的一篇关于支教的日记下有人评论："我相信善良的人都是幸福的，谢谢你为这些孩子所做的事。"我顺着一个向日葵的头像，进入她的空间，于是我进入一个女孩子关于梦想和公益的世界。

空间里有着她在山区和孩子们一起微笑的样子，空间里有着她和孩子们写的信件，空间里有着她从事公益活动的点点滴滴，空间里有着她对公益的思考和感悟，空间里有她的过去，有着她的梦想，有着一个姑娘的多愁善感，空间里的她在孩子中间笑得无比纯粹和灿烂。

我小心翼翼地翻遍她的空间，认真地看她的每一篇说说和日记；我欣喜，我竟然遇见了一个和自己很像的人，她喜欢的我基本上喜欢；我心疼，因为她受了太多委屈，一个小姑娘在公益活动中，艰难的坚持着，执著着；我庆幸，我遇见了她，我们有着类似的经历、信仰、价值观和理想。

从遇见她开始，生命已然苏醒。

后来我们在QQ上聊天，聊着彼此的梦想和爱好，后来我们见面，我们一起吃饭，我们一起散步，我们一起倾听彼此的故事，后来，我们无话不谈。她告诉我即将毕业的打算，告诉我她长期资助的一个妹妹，两人经常相互写信，她告诉我她喜欢云南的一所贫困学校，她告诉我即将要去泰国，还想义卖泰国的明信片为大凉山的孩子筹集生活费，她告诉我关于她梦想的故事……

有一次，我们在一个奶茶店，她问我有没有烟，我说我又不抽烟哪来的烟呢？然后指着桌上的一块牌子道："念一念，本店禁止抽烟。"

她问："那怎么办，我有事要和你说。"

我说："说个事还要抽烟，不抽烟就不能说？"

她鼓着大眼睛冲我笑着眨了眨说："想抽一根。"

我呢喃一句："妈的，又来杀手锏。"

她的眼睛看着我似笑非笑，然后一眨一眨。于是我屁颠屁颠跑到旁边超市买了一盒烟，然后我俩躲在厕所里抽了起来。

她在厕所里告诉我她曾经的往事，她告诉我她正谈着一段跨地域的网恋，我记得当时不知道吃醋还是有先知，开玩笑说，你俩肯定没结果，因为见光就死。后来果然如愿，小鹿在北京第一次和他见面，吃了餐饭，就分手，回来告诉我说，根本就不像想象中的样子。

记得有一次和她一起吃饭，她突然问我："何东，你是不是喜欢我？"

我故意四处张望，傻笑着回答："你说什么，我没听见……"

她说："别装了，我很敏感的，知道你喜欢我。"

我说：我喜欢你是因为你善良，其他的事情随缘，好不容易遇见一个这样的你，我如何舍得弃之人海。

她说："我懂你，所以才问你。我之所以问你就是因为我不想伤害你，我之所以告诉你这些，就是因为我尊重你，我现在有喜欢的人……"

我笑着做了一个"嘘"的动作说："乖啊，吃饭。谁没点故事呢。"

我们俩就是这样，坐在一起什么都能说，很多时候不说话也不觉尴尬，有时候我们聊天，我说上一句，她就能猜到下一句，她一个眼神，我就知道她要说些什么。

神奇吧，我也觉得神奇。

四

那年 5 月份小鹿去了泰国，我负责在国内帮她处理义卖泰国明信片的事。在她去泰国的第三天晚上，新闻里突然报道说泰国发生了海啸。

看着新闻我坐立不安，躺在床上翻来覆去，彻夜不眠，一直思考怎么去泰国，半夜爬起来在网上查去泰国的攻略，第一回知道出国要签证还有护照，可我没有啊，咋办？想着想着，突然脑袋里灵光一闪，我想到一个词，偷渡，对，偷渡。于是我赶紧在网上找关于如何偷渡到泰国的攻略，胡乱地在网上找了些关于偷渡的电话打过去。对方要么说直接给钱，要么就是打不通，记得打给广西的一个人时，被对方用广西普通话大骂一顿："现在泰国可能发生大海啸，我们不去，有病的才去呢。"

没办法我只好四处打听她的消息，找她朋友问她在泰国的电话，她朋友没有，最后打听到她爸的电话，然后她爸把她的电话给了我，于是我跑到市里，花了 50 块钱给她打了个越洋电话，她告诉我已经和灾民跑到了山上，现在正在做志愿者帮助灾民，听到她的声音，一颗悬着的心，终于可以放下。

她在泰国的时候，国内也处处下暴雨，网上正流行"欢迎你来湖南看海"的段子，她回来的那天，整个湖南电闪雷鸣，狂风暴雨，很多树木被连根拔起，大街上的水没过小轿车的半个轮子。

很早就知道她喜欢向日葵，于是那天我跑遍株洲的花店，挨家挨户问："有没有向日葵？"最后以全身湿透的代价，买到了人生中第一束送给女孩子的花。于是兴冲冲地往火车站跑。

结果在去往车站的路上，因为风雨太大的缘故，我所乘坐的公交车在快到站的时候，突然被路边的一根超大的电线杆击中，车顶被电线杆压垮，车窗全碎，垮掉的地方离我头的距离只有不到 30 厘米，我心有余悸，心头一个声音响起，活着真好。

人倒霉的时候喝凉水都塞牙。到了车站，车站的电子屏幕上显示小鹿乘坐的列车因为暴雨的原因，在中途停止运行，预计要晚点四个多小时，我抱着花，在风中瑟瑟发抖。

中途小鹿发短信说："我的车停在了路上，现在还不知道什么时候能到站，你赶紧先回去。"

于是回了一条短信说："好。"然后就没理她，继续等着。

从下午四点多一直等到晚上八点多，列车终于到站。我把花藏在一个角落。

人群涌出来，骂骂咧咧，我翘首期盼着，过了会儿看着她从人群中走出来，看着她的笑，身上一股暖流袭来，心也顿时温暖起来。

我接过行李，鼓起勇气，拉起她的手，走到墙角指着那束花说："看，它已经等了你好久。"

她把花抱起闻了闻，一脸的兴奋道："你怎么知道我喜欢太阳花。这是第一次有人接我送花哦！"

我看着她，没有说话，一脸幸福地带着行李转身去拦的士。

她从泰国回来后，过了几天，我们带着义卖明信片的钱，和她发起的公益组织"海洋计划"的志愿者，一起去了一趟四川大凉山看望那里的孩子。

去大凉山的那天我们在株洲采购公益物资，她是一个善良的姑娘，为了几毛钱和人讲半天好话，为了作业本便宜一毛钱，从西边的商场跑到东边的商场，就为了把大家资助的钱每一分都用在实处上。

我们最后把物资买好了，才发现去火车站的时间不够了，她的票和行李都还在学校里，于是我们打了一辆摩托车开始飞奔，摩的大哥带着我们在人行道上、在桥上，闯红灯、超车、抄近道，最终在火车启动的前一分钟，把我们送上车。平时来回一个小时的车程，摩的大哥只用了半个小时多一点。

下了车我心有余悸，小鹿哈哈大笑说："太刺激了，典型的暴力摩托啊。"

我说："是啊，太刺激了，典型的速度与激情。"

到了四川西昌已经是深夜，队友把我们接到落脚的宾馆，我带着行李到队友提前预订的房间准备休息，推开门，看见有行李，因为是双人标准间，我就没留意，以为是另外的小伙伴。

因为坐了一天的车，爬上床就睡着了，谁知睡得迷迷糊糊，突然感觉一个人趴在我身上摸来摸去，睁眼一看，一个女孩子醉醺醺地爬到了床上，心里顿时一惊，吓得睡意全无，赶紧滚下床，一脸发怒，以为是前台弄错了，就想打电话给前台发飙，拿起电话的时候，突然看到自己的门牌上写着 307 室，而我记起队友在 QQ 群里说何东和某某是住 301 室。因为门牌上的字是用手写的，301 的 1 字弯了下，1 字看起来像 7 字，于是我没留意，以为是临时安排，就跑错了房间。

我蹑手蹑脚的拿着行李逃离，等我开门回到 301，队友一脸狐疑地问，你是何东？我还以为你和谁去挤着睡呢，我害羞地一笑说，因为肚子太饿，我就找东西吃去了……

五

时间很快，我们从大凉山回来后，转眼就是毕业季。

小鹿离开学校时，来我店里和我道别，她要先去长沙，然后凌晨的火车去北京补习英语准备出国留学。

走时，她送给我一个抱枕，枕头上面印着她笑的样子。她大大咧咧地说："事先约定，你不能送我。送你一个枕头，想见我，看看枕头就行。"

我强忍住内心的悲伤，装作若无其事地和她挥挥手。我站在门外，看着她的背影每向前走一步，我心就空一点，直至她的背影一点一点地消失。

那一天，我整天上班心神不宁，坐立不安，魂不守舍，听着任贤齐唱的《把悲伤留给自己》，越听越悲伤，心中一直骂自己："何东，你个傻子，为什么没去送她，为什么不去送她。"晚上十点的时候，我终于忍不住了，心中告诉自己，一定要去做一点什么，一定要送她，对，一定要送她。

算了算时间，离她出发去北京还有两个小时左右。

于是立马打了个的士直奔株洲火车站，可惜离最快出发的一趟车只有五分钟，列车已经停止检票，我想了想，如果坐不上这趟车我肯定赶不上送她，于是立马随便买了一张票，走进火车站一路狂跑。

等我看见火车的时候，火车已经开始鸣笛、缓缓启动，我赶紧找了一个开着的门追着爬了上去，列车员们吹哨的吹哨，看我跑上去后大骂："不要命啦，不要命啦。"门一关，列车呼啸驶向长沙，那一刻我内心无比勇敢，心里不断告诉自己：想做就去做吧，想爱就去爱吧。

到了长沙，下了火车，我手机已经没电，找一个路人问了问时间，已经晚上 11 点 30 多，离她走，还剩下几十分钟，我准备跑进站，结果被检票员拦着不让进，因为没票。我又跑到另外一个检票口，还是被一个年轻的姑娘拦着，我开始央求说："我刚刚从株洲赶来，今天要送一个人，这个人对我非常重要……"

年轻的姑娘把头转了过去，于是我就闯进火车站。

长沙车站有很多候车室，我一个一个地寻找着她的身影，找了好几个候车室，终于看到她和朋友的身影，我屏住呼吸，调整好心情，整理了下头发和衣服，装作若无其事地走过去，果然听见她喊我："何东，你怎么在这里？"

我回头看着她说："啊，你怎么也在这里，我刚刚来送一个朋友，你怎么还没走？"

她默默一笑问："真的？"

我说："真的，我和朋友开车来长沙送他的，刚送走。"

她盯着我似笑非笑说："行了，你别编故事了，我还不知道你啊。"我笑了笑没回答，把手上买的一包牛奶糖送给她说："看我朋友刚刚送的。"其实是刚在火车上买的。

没等几分钟她的车就到站，我提着行李把她送上火车。

她进车厢前笑着问我："要不要抱一下？"

我看着她摇了摇头，心里嘀咕，够了够了，能看着你，就满足了。

隔着车窗，看着她的样子，脑中自动响起一句歌词："火车已经进车站，我的心里涌悲伤，汽笛声音已渐渐响，心爱的人要分散……"

她在车里看着我，朝我一直挥手，我站着不动，就一直盯着她，过了会儿，她对我勾勾手，我走到窗边，她大声地说着什么，我摇摇头表示听不见，于是她从包里拿出一张纸写着什么，过了会儿，她把纸条贴在车窗上，纸条上写着一句话："何东，谢谢你一直陪着我。"看着纸条上的字，我鼻子一酸，飞快跑到车上把纸条从她手上抢过，转身就走。

走出车厢，刚准备出站，突然看到车厢的另一头有一群人围在一起，我就走上前一看，一个女孩子被人围着哭哭啼啼，我上前一问，原来是女孩的车票过期了，她本来买的是7号半夜12点多从长沙到沈阳的票，但是要6号晚上来坐车才对，结果她7号晚上才来坐车，肯定就是过期了，因此列车员不让她上车，然后她就急得哭。

我说赶紧上车补票啊，她说身上没那么多钱了。

我一摸身上发现没带那么多钱，从长沙到沈阳的火车票200多块钱。

于是想了想，我再次跑到车厢上找小鹿的朋友说，你能不能借我三百块钱，等我回到株洲就把钱打给你。

她朋友摇摇头说："不借。"

我问为什么？

他说："你是不是想偷偷上车补票，然后送她去北京？本来你们说好都不准送，你现在来送她，她就生气了。"

我笑笑说："不是不是，我真有急用。快点，我保证不上车。"

她朋友把钱借给我。

我拿着钱立马跑过去把钱给那个女孩说："给你，赶紧上车。"

女孩使劲摇头。

我说："赶紧拿着。"

女孩还是摇头。

我想了想，对她说："这样，你先把钱拿着，然后记我的一个电话号码，等你回到沈阳后，再把钱打给我，这样可以了吧。"

女孩终于点点头。

我转身和列车员说："麻烦小哥宽容她一下，让她上车补张票。"然后替她把行李送上车。

列车呼啸而过，我站在站台，看着火车消失在夜幕中，心里空荡荡的，回想我和她从相识到相知，好像做了一场梦一样，醒来，我还是那个我，她还是那个她。

走出火车站。站在广场上，我把手机打开准备给她发条短信，结果一个陌生的号码发来一条短信。

"大哥，你好，我叫谭燕，是刚刚那个女生，我不知道用什么样的语言来表达我的感谢，麻烦你把支付宝或者卡号给我，我让我朋友把钱转给你，我是沈阳的一个大二学生，暑假来长沙同学家玩，钱用光了，是我朋友替我买了张火车票，结果我看错了日期。谢谢你今天帮助了我，非常感谢，钱一定会还你！"

原来是刚刚那个女孩，我想了想，想起一个故事，于是回了条短信给她说："哈哈，妹妹，你好，我叫何东，比你大一点点，钱你就不要麻烦朋友还我了。但是我们能不能做一个小约定，就是将来有一天你在路上行走的时候，如果你恰巧碰到一个需要帮助的人，请你也能立马去帮助她；然后再把这句话告诉她，我们一起做一个约定，让爱循环起来就好。"

过了会儿，小女孩发来一条短信：

"我一直不相信这个社会上会有人无缘无故帮助别人，一直以来我都认为这个世界很自私很冷漠。大哥，今天你的举动改变了我的想法，是你让我相信，还有人会无私地帮助别人。好的，我记住了，下一次我看见别人有难我一定会尽力去帮助，也会把这句话告诉别人。但是还是请你把卡号给我，钱我一定还你。"

看着这条短信，那一刻我突然热泪滚落，转身对着火车站玻璃上的自己敬了个礼。后来这个叫谭燕的姑娘还经常联系我，每次做了一件好事，都会告诉我。

2014年的1月份，我在海南带着队伍搭车环游海南，在从文昌搭车去往三亚的途中，我和队友搭上一个东北大哥的车，到了三亚，他把我们送到目的地，下车时，我们对他千恩万谢，结果大哥说了一句话："孩子，我不需要你们感谢我什么，因为这只是举手之劳，也不奢求你们做多少公益，只希望将来在你们有能力的时候，如果在路上看到需要帮助的孩子，你们也能搭他们一程就好，让我们一起让爱循环。"那一刻，我再次落泪。

六

那个叫作小鹿的姑娘，你还记得吗？

2013 年 6 月，时隔一年，你回到学校，我们再一次见面，我们都喝了点酒，我们坐在酒店的楼梯上。

那时我问你累不累？你忧郁的眼神笑着问我："何东，你猜我这辈子最放不下的一样东西是什么？"

你还记得那天你对我说了句话吗？你说只有在和你说话的时候，我才能放下所有的不自在。

你知道吗？ 2014 年，你不在国内哦，那时候流行一部叫作《咱们结婚吧》的电视剧，我喜欢上它的主题曲《我们好像在哪见过》，每次我只要一听见这首歌，我就能想起你。

每次想起你，我就在想，正在追逐着梦想的你，还好吗？

你知不知道因为你的一句话，我后来从四川一直走到西藏？

我还曾去过一趟你的家乡，看过你小时候长大的地方。

从中国到美国相隔着十六个时区，从湖南到你所在的城市，大概一万多公里，隔着一万多公里，我想问问你：

现在的你在他乡还好吗？

有没有很想家很想爸妈？

你在那边吃的是否还习惯？

是否每次吃饭时都说，老板，请不要放葱花？

压力大的时候，是否依然独自喝酒抽烟？

抽烟的时候，你还会不会问，我能抽支烟吗？抽到一半的时候，会不会有人替你掐灭说，抽多了对身体不好，差不多就行啦？

你又是否遇见了一群聊得来的朋友和一个像我这样的男生？还有没有人懂你的唠唠叨叨和欲言又止？

你是否还喜欢笑，还喜欢写文字，还把委屈和思念写进日志？又是否独自听歌的时候自言自语？

夜深人静的时候，想起去世的外公你是否还经常哭成一摊烂泥？

等你回来，你是否早已把我忘记？

下次见面时，你是否还会像当初我们第一次见面时那样对我说：我们好像在哪里见过？

那个风花雪月的晚上

　　总有那么一阵清风让你感到凉爽，总有那么一抹阳光让你感到温暖，也总有那么一个人让你感到喜欢，可是总有，总是没有结局。就像风吹过了还有下一阵风，雨来了还有下一场雨，太阳落山了明天还会再升起，可有些人还没在一起，就注定没有结局。

一

　　大二那年冬天，我在一个日语补习班做助教，没事的时候，我和几个守校的室友天天窝在宿舍睡觉、打牌、看电视剧消遣无聊的时光。

　　那天我们和往常一样，每个人身上裹着一床被子窝在宿舍斗地主，天气冷，还下着雪，我们谁都不愿意出门打饭，唯一维持我们活下去的方式，是宿舍几个人每天靠抽签决定谁去食堂打开水回来泡方便面。

晚上八点多的时候，她发来一条短信："我在你们楼下。"

我故作好奇的回短信问："哦，是不是刚刚路过，故意告诉我一声，然后就走？"

她回过来五个字："别贫，快出来。"

我立马回过去一个"喳"字。然后把被子往床上一丢，哼着歌以火箭般的速度，洗脸刷牙照镜子穿衣服，得意的样子引起室友强烈的不满。因为默契的室友一般知道，我收拾自己的速度爆棚的时候，准是被"娘娘"们传唤。

小强一脸不屑的竖起中指说："能有出息点不？"

"出息？出息能当饭吃？"我学着太监的声音回道，说完披上衣服，推开门，对着他们扭扭屁股，迅速跑到楼下。

天寒地冻，地上和树上满是积雪，她穿着件白色的羽绒服，戴着帽子站在宿舍门口，红色的围巾紧紧地裹着她白皙的脖子，只露出两个大眼睛和鼻子。

我走上前去，她伸出手把一个袋子递给我，是一份热乎乎的红烧肉，看着她鼻子和小手被冻得通红，我嘟着嘴一脸心疼地握起她的手，边搓边说："傻啊，这么冷的天，不知道把手放进衣服口袋里。"她笑笑，从口袋里拿出一个苹果说："放不下了。"

接过她手中还有点温热的苹果，看着她的笑，心里暖暖的。

我拿着还有她体温的苹果，故意往我脸上贴着，边贴边说："暖和，暖和。"

她看着我的样子，笑着说："别贫了，赶紧吃饭。"

"喳。"我回答着。

边吃还边问她，我说："你怎么知道我没吃饭？"

她笑笑说："你空间里不是刚刚发了条动态，天杀的毛毛，打个开水都这么慢，饿死大爷了。你自己这么懒，还怪人家，你说你怎么感谢我？"

我边吃饭边说："那我给你讲个笑话或者背你走一圈，你自己选一样。"

她立马怒道："废话，肯定是讲笑话，还想占我便宜。"

我做了个搞怪的表情一脸为难地说："我哪会讲笑话啊，还是我背你吧。"

"背你个头，你那小身板，还能背得起我，爱讲不讲。"她笑着说道。

"好吧，笑话不会讲，给你讲个小故事，捂住嘴巴，不许笑。"她咯咯咯地笑着。

前天在你们宿舍楼下等你的时候，看见几个妹子，穿着睡衣，提着一大桶水向宿舍楼上走去，爬楼梯时，看着她们吃力的样子，我本想发挥我侠客精神上去英雄救美一回，结果妹子中间有一个中性打扮的女孩，双腿弓步，然后双手抱起水桶，大吼一声："臣妾，奏乐！"旁边几个妹子集体唱道："套马的汉子你威武雄壮……"

听我说完，她咯咯咯地笑着。看着她笑的样子，我手心发热，一股痒痒的感觉弥漫全身，直冲丹田，我觉得自己的经脉被打通了。

后来我跟室友小强绘声绘色的说起这种感觉时，小强一句话把我噎死，他说："你这叫感动，这叫感动你知道吗？哪有你说的什么丹田，什么经脉的，再次强调，这叫感动，感动就感动，干嘛还玩艺术，喜欢就喜欢，干嘛还拐弯抹角，真不懂你们这些假装清高的伪文艺青年，嘴上说崇尚简单，心里却把简单的事复杂化，明明喜欢就喜欢，还玩暧昧和欲情故纵，现在错过了吧。"

从那以后，只要我一看见喜欢的女孩子朝我微笑，看久了，我的手心就会发热。直到现在我都不知道我的身体为什么会有这么一种奇怪的自然现象。朋友马桶给我把了把脉评价说，这是做贼心虚后因有不轨的想法血脉扩张，荷尔蒙快速提升后发的热。然后得出结论，这是绝症，没得治。

吃完饭，我说："我送你回宿舍吧，大冬天的宿舍暖和些。"她点点头。

我们围着学校慢悠悠地走着，路上时不时有些小情侣相互依偎着走过，偶尔路灯下还有一对情侣卿卿我我，我默默地瞟一眼，心中一脸的羡慕。

围着学校转着转着，我们来到学校图书馆，这是我们第一次见面的地方。因为放假，图书馆大门紧闭。于是我们坐在图书馆大门口的台阶上。地上是厚厚的积雪，后面是图书馆紧闭的大门，头顶上是深邃的黑夜。

我俩沉默谁都没开口说话。

过了会儿，她说："听老师说，过完年你就不回来了，然后去追寻你浪迹天涯，游学四方的梦想？"

我沉默着，没有说话。

我们彼此沉默着，我想把话题岔开，就说："你日语等级考试什么时候考？"

她沉默着，没有说话。

过了会儿，她突然说："陪我吃一支雪糕吧。"

我心里一怔，心想大冬天的零下摄氏度，地上还有刚刚下的积雪没有融化，吃什么雪糕？

虽然有疑问，但我一向对女孩子的要求从不好意思拒绝，于是点点头说："嗯，我去买。"

"我也去。"她回答道。

我们像情侣一样的牵着手，在校园里的超市逛着，由于学校放假，很多超市都关门了，没关门的也没雪糕。

转了好久，终于在学校外面的一家大超市买到了两支雪糕。

拿着雪糕我们踩着积雪在路上走着，我可怜巴巴地问："真的要吃啊？"她嘟着嘴，瞪着大眼睛说："哎呀，没见你何东这么胆小啊，刚还说上刀山下火海，现在让你吃支雪糕还啰唆。"

于是我们在雪地里吃着雪糕。她微笑着慢慢地吃着，边吃边静静地看着我，我心生奇怪，然道她不怕冷吗？后来有人告诉我，女孩子不开心的时候，很多无厘头的事情都干得出来，别说大冬天的吃雪糕了，就是夏天穿棉袄在太阳底下晒也不奇怪。

我记得那天我强忍着寒意把雪糕吃完，边吃边打哆嗦，每吃一口都感觉把一块冰吞进了肚子里，当时只知道冷，我完全忘了当时的画面其实也很唯美和浪漫，夜空、星星、雪、雪糕、牵着手的我和她。

吃完雪糕，她说要回宿舍，我把她送到门口，道别时，她莫名其妙的和我说了一句："记住这一支雪糕。"

看她消失在宿舍的楼道里，我迅速跑回宿舍，把全部的被子裹在身上，打开小火炉取暖。

室友小强看见我的样子问："咋啦，做贼被抓啦！"

我笑着大骂："去你的，冷死我了，我刚刚陪妹子吃了一支雪糕。"

"哎呀，你这是用生命在表演恋爱绝学。"小强答道。

临睡前收到她的消息，只有两个字"谢谢"，我也回了两个字："晚安。"

第二天，天还没亮我就爬起床，因为知道她要赶很早的一班火车回家，我买好早餐在她宿舍外面等着。她看见我的时候，待在原地半天没动，微笑着问我："我好像没告诉你我今天回家呀？"我走过去接过她的行李，把早餐递给她，一脸得意地说："小样，你难道不知道我神通广大，你们宿舍的姑娘早就被哥哥我收买了。"

天空飘着雪花，我把她送进车站。我站在车站外，看着她消失在人山人海中。

看着她一个人提着行李的背影，蓦然的想起去年差不多也是在这个时候，我们相遇的场景。那天我在图书馆里准备一个日语培训学校的讲座，我是讲师的助教，她来听讲座，想报名参加日语补习班的培训，但犹豫不决，于是我口若悬河的说服了她。

慢慢的我们开始熟络，每个周末一起约着上课，一起约着去吃饭，一起相互约定要监督对方完成日语的练习作业，结果，每次都是她帮我补习。

就这样我们几乎每天见面，熟悉的朋友觉得我们在一起了，不认识我们的人，肯定以为我们就是一对。刚刚开始的时候觉得没有什么，反正我们是好朋友，但是大家都说的时候，我就知道，要时刻学会克制，不能因为自己的任性，辜负别人的年华。

因为我们彼此知道，我们注定没有结局。因为我们相遇在一个错误的时间，她在老家有一个初恋的男友，分分合合。而我心里住着一棵我的小草，陪我浪迹天涯。

我们默契的装作什么都没发生，依然每天一起补习、一起上课、一起吃饭、一起散步，明明知道这样不好，但是我们谁也没有把这层窗户纸捅破，因为谁也舍不得把这短暂的美好埋葬。在最美的年华遇见一个相互欣赏的人，是多么美好的一件事。

现在想想，那个时候的我们还是年轻，这个世界上，哪有什么错误的时间，错误的地点，错误的人呢？冥冥中一切自有定数，谁和谁在一起，谁又说的准呢？你喜欢我，我喜欢你，成了，是缘分；你喜欢我，我不喜欢你，没成，也是缘分。

只是缘浅缘深罢了。

想着想着，突然有些不舍，看看时间，她的车还没走，我转身偷偷溜进车站，找到她，一直沉默着把她送上车。

列车呼啸而去，我站在站台里，看着远去的列车，感觉心里很不是滋味。我拿出手机，编辑了一堆字最后又通通删掉，只发过去一句话：在何东的生命里，谢谢你陪我一程，谢谢。

很多人，很多事，没有结局，无所谓，但至少不能让自己后悔。

走出车站，收到她的一条回信："我知道在你生命中，有着太多的故事，出现过许多优秀的女孩，她们给了你很多的美好，我的出现只是你漫长人生道路上的一个意外，对于我而言，却是个美丽的意外。有的姑娘如阳光，能给你温暖；有的姑娘如清风，能给你凉爽；有的姑娘如一阵春雨，会带给你希望；你就把我当成一场雪吧，谢谢你在这个冬天的时候，陪我吃了一支雪糕，让我温暖过。"

"你就把我当成一场雪吧，当成一场雪吧……"我喃喃自语："你像雪一样的给人留下片刻美好，就再也留不住。"

后来，我游学四方，我们再也没有见面。

后来，她换了号码，我们再也没有联系。

后来的后来，我在朋友的朋友圈看到了她的婚纱照。那年刚好是个冬天，湖南刚好下了一场雪。

我用手在雪地上画了一个圈，许下心愿，祝她幸福。

我知道，我记得她，她也肯定记得我，哪怕彼此天涯。

我更知道，她肯定记得那支雪糕，就如同我记得那场雪花。

因为记得，所以相忘江湖。

世上所有不开心的人，注定相逢

有人说：人生不过是一场旅行，你路过我，我路过你，然后彼此道别，各自向前，各自修行。

走了很多路，去了很多地方，住过很多酒店，一直以来我对青旅最是喜欢。

为什么呢？一是便宜，二是有故事。

对于我们这种时常浪迹在路上的江湖游侠来说，便宜的地方能让我们安心歇息，有故事的地方能够让我们以故事换酒喝。

曾在青旅的一面墙上遇见过这么一些人，发誓的人在墙上，哭泣的人在墙上，伤心的人在墙上，失恋的、失业的、失态的、失心疯的、老的、少的、年轻的、不年轻的、男的、女的都在墙上。

每个人的生命在跌跌撞撞的成长路上，都会留下那么一个缺口，每个人都在倾尽自己的全力在有限的时光里去把缺口缝合。

2012 年，去往川藏线的路上，沿途落脚的小旅馆，墙上路人留下的故事和文字，成为我行走路上疗伤的药、下酒的菜。

因为陌生，过往的行人都在自己住过的墙上，展示着内心最真实的自己。

那一年我从西藏回来后重新整理相片，我发现相机里记录了几百个留在墙上的故事，其中记忆最深刻的一句话是在一家青旅的角落里发现的，上面写道："世界上，所有不开心的人，注定相逢。"看见这句话的时候，再看看墙上的文字，我的内心有如东西撞击胸口。

2012年7月，我带着对一个姑娘没有结果的爱和失意，花了近40天的时间，一路从成都走到拉萨。机缘巧合之下在回家的前一天被一个路上遇见的朋友拉着和一群同住在一个青旅的游客相互拼车去了趟圣湖纳木错。

纳木错与玛旁雍错、羊卓雍错并称西藏三大圣湖，"错"在藏语里是"湖"的意思，而纳木错藏语意为"天湖"，是藏传佛教的著名圣地，是我国的第二大咸水湖，也是世界上海拔最高的咸水湖。

晚上大家结伴去湖边看星星，大家坐在湖边满天星斗的夜空下，在月色里唱歌，本来很美的夜晚，在一个朋友的提议下，玩了一个叫真心话大冒险的游戏而变得不一样。

老许，是一个42岁的商人，和老婆关系不好，公司的事又压得他喘不过气来，他本来是在成都出差谈项目的，最后项目失败，一气之下，买了一张飞机票就来到了拉萨，已经住了十多天，女儿一直等他回家。

莎姐，是一个文艺女青年，某市某报的记者，本来和在美国留学的男友商量好，等他年底回来就结婚的，突然知道美国的他，因为异乡的冬天太冷而找了另一半，七年的感情抵不上别人的一夜，她给主编发了条短信说老娘不干了，就孤身来到了拉萨。主编知道她的故事，回复说："散散心，就回来。"

大牛，上海国际大都市的白领，在陆家嘴上班，因为升职机会被领导的小舅子潜规则，一怒之下，故意醉酒，砸烂领导的办公桌，把领导大骂一顿，然后四处浪荡了半年，女朋友在他在路上的时候，发了分手短信；他已来拉萨一个多月。父亲打了多次电话让他多回家看看。

阿俊抽中一个和失恋女友打个电话的大冒险，他颤颤抖抖地打开手机，低头找了半天电话，其实我们知道他是在挣扎，在大家的催促下，电话接通，阿俊对着电话狂喊："小雨，我到了我们曾经说过一起相约去西藏的纳木错，说好的一起的，为什么变成这样，说好的一起走，为什么只剩下我一个人，我想你。"电话挂掉，一个一米八的大男生，在纳木错的山风中哭得一塌糊涂。

范范、胖姑娘、沙师弟，同行八个人，每个都有着各自的故事。世上所有不开心的人，注定相逢。

我呢？喜欢了一个姑娘四年，从高三到大三，我现在还记得她每次对我微笑的样子，她的笑，对于我来说，就是这个世界最美的样子。

最后她嫁给了我一个好哥们，守了四年，最后以我的一条472个字的短信结束了这个故事。

那一年，我偷偷横穿半个中国去看了她一眼，得知她安好，还是我记忆中的样子后，转身回到自己的城市，从此义无反顾的不再打扰，彼此相忘江湖。

纳木错的那一夜，我把她的名字写在她送给我的一块石头上，转身扔进了纳木错。后又把她的名字写在经幡和风马上，西藏的阿嬷说，这样可以佑人喜乐平安。

每个人都在过往的岁月里，留下许多开心或不开心的事，行走在人生的路上会遇到许多形形色色的人，每个人都不一样。我们无法让生命的每一天都充满快乐，我们也无法让生命遇见的每个人都是让自己开心的人，我们也无法让所有难过的事，都能释怀。

但我们可以用一颗笃定的心，在这忽晴忽雨的江湖，陪自己穿过岁月中的风风雨雨。

如果你也有过类似悲伤的事或正在悲伤着，我无法劝你开心起来，也无法穿山越岭去听你诉说，我仅仅能做的就是把我和你一样的故事以及遇到过的故事说给你听，让你觉得不曾孤单。

所有的事随着时间都会过去，也一定会变成过去。生命的每一天都会发生很多事，开心的或不开心的，快乐的或伤感的，我无法成为你的挚交，陪你走过你丰盈的岁月抑或在你难过的时候，站在你的身边给你力量；但我可以把我最喜欢的一句话送给你：

"生命中尽管会遇到无穷无尽的混蛋和笨蛋，但总会有一些人，让你感觉到生命的温暖和满足，让你感慨生命的不虚此行。"

因为，你遇到的事都是为你而生，你遇到的人都是为你而来。

那群一起唱歌的兄弟

> 每个人在生命中行走的时候，总会遇到一群和你同频的人，我们从天涯来到一个地方相聚，彼此兄弟一场，最后又散落天涯。

——题记

彼时我在湘西读书，那时 2008 年奥运会刚结束，全国都处在一片"强国梦"的亢奋之中，有一天上思政课，老师在台上绘声绘色的讲中国体育健儿得了 51 枚金牌的壮举，奥运会之所以能成功在我国举办，并赢得外国友人广泛的好评，说明我国综合国力增强……

听着课正昏昏欲睡，手机铃声一响，桌子嗡嗡震动，我打了一个激灵，赶紧拿起手机一看，寝室长廖哥发来的短信，上面就一句话："东，赶紧来一下，有人找我麻烦，地点二教。"

廖哥是典型的南方男人，平时说话做事婆婆妈妈，难得见他说话如此简洁有力。

对于我这种从小看古惑仔和金庸武侠剧长大的孩子来说，骨子里就有股侠义精神，于是立马把旁边正和周公约会的哥们小段拍醒说："廖哥可能有点小麻烦，我先出去找找，待会儿如果我给你响下电话，你就立马喊上兄弟们，带着板凳出来。"

小段迷迷糊糊地点点头，于是我在老师的怒视以及众目睽睽之下急匆匆的走出教室。

直接跑到第二教学楼四处寻觅事故现场，心想刚刚上课铃响廖哥还在教室，肯定就在附近。果然我在二楼的一个角落发现一群人聚集在一起，廖哥站在中间被一个染了一头黄毛的小青年搂着，交谈着什么。

我走上去，看见同班一个刺头同学也在现场，我就知道大致什么情况，刺头同学叫陈文，外号大炮，经常喜欢和在学校里四处泡妞打架的一群学生混在一起，廖哥和他一直为了隔壁班的一个胸大腿长爱打扮的姑娘争风吃醋；大炮看见我，一脸猥琐地说："东哥，你不要多管闲事，不会有什么事，我就找他聊聊天。"我心想，聊天叫这么多人，还躲在角落，但还是装作镇定的挥挥手机说："聊天你怎么不把我也叫上，我们班上很多兄弟都在楼下教室上课呢，说要跟着一起出来我没让，我说都是成年人了，做事肯定不会那么没分寸。"听我说完，大炮和他那群朋友中的一黄毛青年说了会儿悄悄话，就对廖哥说："我劝你千万别惹我妹。"

"你妹我为什么不能惹，又不是你老婆。"廖哥说道。

我心中一惊，瞪着廖哥，死鸭子还嘴硬。

大炮说了句："走着瞧。"然后就走了。

等他们走后，我们回到教室，廖哥问我："东，你怎么一个人过来，不害怕他们把我俩揍一顿？"

我说："老子当然怕，可是你是我兄弟，怕就不来啦！"

然后廖哥比划着对围过来凑热闹的室友夸我："你们知道吗？东哥刚刚就那样挥了挥手机，字正腔圆说，要不要我也喊一些人来，那时我感觉他太勇敢了。"

他们大笑说："他肯定是装的。"

我笑笑说："这你们就不懂了吧，平时让你们多看点书，你们就知道谈恋爱，书上说了，狭路相逢勇者胜，勇者相逢智者胜，智者相逢义者胜，老子有勇有谋有义，他们不怕才怪。"大家集体"切"了一声，继续聊天。

这就是我在湘西读书时宿舍里的一群兄弟，那时候一个宿舍住八人，每天晚上闹哄哄的，每每聊到女生的时候，我都能感受到青春的荷尔蒙弥漫在空气里。

刚进大学大家感情都特别好，因为我经常爱管闲事，用他们的话评价我就是讲义气，口才好，肯付出，不计较，痴情，挺幽默，还讨女孩子喜欢，所以人缘也好，一个系的男生基本上都算相熟，算是结识了一帮关系好的兄弟。

在湘西待了将近两年，这算是我成长最快的两年，我从家乡带着一份不明所以的爱恋，来到这座湘西边城，进了这所大学，开始靠回忆活着。

因为活在回忆里，哪怕身边人再多，也是孤独的，没有爱孤独，爱到深处同样是孤独。于是对一些经典老歌情有独钟，如《上海滩》《涛声依旧》《大约在冬季》《老鼠爱大米》《懂你》《甜蜜蜜》《擦肩而过》等，那时每天上完课，一回宿舍我就一首一首的老歌单曲循环着。循环久了，室友们就有意见，为了说服他们觉得好听，我就绞尽脑汁给每首我喜欢听的老歌想了一个理由，然后讲给他们听。

大家从认识我那天开始，就已经习惯了我滔滔不绝地为维护自己的观点发表演说，所以都默契的没有打断我，而是边听边连连点头，直到我讲完以后，廖哥看了看大家，然后说："同意东东观点的举手表决。"大家才默契的同时竖起一个中指说:"你编,你编,你继续编。"

这就是我在踏进大学后,认识的一群兄弟,后来,我们经常一起唱这些歌,吃饭时唱,喝醉了唱,走路时唱,失恋了唱,毕业时唱……

后来《老鼠爱大米》和《擦肩而过》这两首歌被我表白时用上了;《大约在冬季》被喜欢上护士姐姐的廖哥用上了;《懂你》被一个分手后喝了一斤米酒的下铺兄弟涵子用去了;《上海滩》被隔壁宿舍的一群兄弟天天唱着。而《甜蜜蜜》呢?被我们所有人用上了。

临近毕业,我们从各自实习的城市回到学校准备毕业,大家相约一起在食堂聚餐,吃饭吃到一半,一群人为了热闹,为了缅怀逝去的青春,一群没脸没皮的孩子,集体敲着碗筷,拍着桌子,当着所有来食堂吃饭的学弟学妹和食堂大叔大妈的面大声唱着:"甜蜜蜜,你笑的甜蜜蜜,好像花儿开在春风里……"唱着唱着,就有些人哭了,有些人抱着说着醉话,也许只有歌声才能掩饰我们内心的悲伤,也只有还在学校的时候,我们才能知道自己曾经在青春里飞扬跋扈过。

时间转眼到了 2016 年,我们都已经从学校毕业走进社会这个大染缸将近五年,五年时间里,我们这帮曾睡在一起的兄弟散落天涯,工作的工作,成家的成家,立业的立业,只有我这么一个江湖游侠,一直在江湖四处浪荡,偶以工作糊口,偶写点文字换钱买酒喝,偶走天涯挣点买路钱。

兄弟,我们已经有五年未见,你是否记得我们曾睡觉时讲过的那些姑娘?是否还记得我们一起偷偷喜欢的那个长腿英语老师?又是否记得我们一起喝酒时聊过的梦想?是否还记得我们分别时在一份写好每年在各自城市轮流聚会的"契约书"上按过的手印?

在这个江湖，很多兄弟之间，表达感情的时候，唱的是《兄弟》或者《朋友》，而我不同，每次一想起这群在各自江湖闯荡的兄弟时，就会想起那首我们曾光着膀子，拍着桌子，对着很多姑娘唱过的《甜蜜蜜》。

我后来去了很多地方，但是没人在我吹牛的时候配合我连连点头；后来我见了许多人，没人能陪我在青春里光着膀子，肆意地流泪。

我的那帮一起住过 4 栋 303 的兄弟，如若有一天你们能看到这些文字，说明我把我们的从前想起，无需见面，只要想象我们再回那个梦里的食堂，对着一群姑娘，大声地唱：甜蜜蜜，你笑的甜蜜蜜，好像花儿开在春风里……

那个想穿越可可西里的女孩

后来，我回到拉萨的时候，没有看见过她。

后来的后来，我不知道是否走到了属于她的可可西里。

但我知道，她肯定幸福地活在自己的一方江湖里。

香格里拉的路上

天苍苍，野茫茫，风吹草低驼铃响，云南好风光。

江长长，湖广广，男儿立志走四方，衣锦好还乡。

我的队友，你们都跑哪去了，我的队友，你们应该都快到了吧。我呀，还流浪在路上。

当我嬉皮笑脸地唱起这些自编的"歌曲"时，旁边被我连累着走了数个小时坐在地上发呆的女孩笑着说："哎呀，同志，你就别唱了，你一唱歌，那些司机听见你的声音就跑了。"

我瞪大眼睛做了个鬼脸故意地问："为啥？"

她说："你那不能称之为歌的歌声，歌词不像歌词的词，从你嘴巴里出来，就像狼嚎，不说司机，山神都被你吓跑了。"

我一听，赶紧争辩道："英雄和小女子所见略有不同，所以你不懂。"她笑了笑没有和我争辩，对我说："休息差不多了，可以走了吧，不然天快黑了。"

看了看天色，我点了点头，重新背起背包，把登山杖别在腰间，边走边回头问她："你看我现在这样子，像不像一个身背书篓，仗剑天涯的侠客？"

她拿起手机边走边拍着周围的风景，看都没看我，回应道："我真不知道你的自信是哪来的？"

……

天色渐晚，不过太阳还在；路上的车，越来越少，可月亮还在；背着背包行走在路上的游客，越来越少，可我们还在，我们嘻嘻哈哈的继续向前走去。

你可能想不到，我和她，在三个小时前，刚刚在路上认识。我，一个掉队的人；她，一个路上被我捡上车的驴友，准确地说应该是她捡的我……

遇上她是在搭车去往香格里拉的路上，那是我第一次带队从滇藏线徒步进藏，大部队出来了十几天，我们已经一路从昆明走到了丽江，在丽江做完公益活动，大部队转移到下一站虎跳峡，准备高地徒步，那天队伍早早地出发了，而我因为丽江一个朋友邀请去了一趟他家，耽误了半天，中午和朋友吃了饭才开始背包出发。

不知道是运气不好，还是由于我是男生，我在路上走了半天，也没有拦上一辆愿意搭我一程的车，就这样走了十几公里，沿途去了一趟拉市海看望一个朋友，还去了一趟石鼓镇看长江第一湾。

从长江第一湾出来，已经到了下午三点，越往前走人越少，四周都是荒山，心里有一丝害怕，因为前两天听丽江的一个饭馆老板说，有两个女学生在这条路上被当地人劫财劫色，现在警察四处通缉嫌疑人呢。于是下意识加快步伐，心想总得找个有人的村落宿营，不然遇上土匪怎么办？虽然我一个大男人被劫色的概率小，但也有可能啊，因为有前车之鉴，我曾有个朋友在徒步去往西藏的路上，半夜睡荒郊野外就被一个流浪汉钻进帐篷里欲行不轨。

走着走着，突然看见前面也有个背包客，心里窃喜，天下驴友一家亲，尤其是行走在路上的人，于是快步上前准备打个招呼，好搭个伴一起走，这样的话多一份安全保障。

越走越近，隔着一点距离瞟了一眼，一身灰绿色旅行装，头发长长，哎，是个姑娘。虽然我脸皮够厚，但对于和陌生的姑娘搭讪，一向是我的短板，更何况是荒郊野外的时候，我更害羞。生怕人家以为我故意搭讪，不怀好意。

于是我下意识的离她十多米远，戴着耳麦，听着歌，不紧不慢地跟在她身后。

走着走着，突然听有人喊："嘿，这个车就到前面不远处的一个村子。你要搭吗？"我一看，原来她拦下了一辆面包车，我看了看时间，心想能搭一程是一程，等到下车的时候有个女伴应该也更好搭车。于是毫无骨气地点了点头，就这样她把我捡上了车。

搭我们的是一个藏族大哥，家就在附近不远的一个村子。在车上，她很热情的和藏族大哥聊着天，聊着云南哪些地方好玩，云南哪些景点比较坑人；聊着自己喜欢的藏传佛教以及云南特产。我对她的第一印象，活生生的一个自来熟和话痨。藏族大哥也很热情，时不时会停下车说，这个地方好看，赶紧让我们下去拍照。拍完照，她还会把照片拿出来不断问藏族大哥，哪张好看。

我怪异地看着她，一路都在想，这女孩子话咋这么多呢？不一会儿，藏族大哥的车就到了他家门口。热情的藏族大哥邀我们去他家坐坐，看了看时间，已经接近下午四点，我们着急赶路，就婉言谢绝了他的好意，最后她留下了藏族大哥的号码，我们道了谢，继续背包往前走。

她边走边拍照，偶尔还会笑着不停自拍，拍照的时候一脸的陶醉，完全把我当空气。偶尔还会让我给她拍照。

我心想，为什么这个女孩子这么自信又这么自恋。

那天运气不太好，一路上我们走了许久，一辆车都没有停下来。我们都是属于那种比较傻的人，只要看到前面有背包的人，我们俩就都默契的不拦车，所以那天我们走了半天，始终没搭上车。

我边走边看她自拍边和她聊天。

我问她："如果今天天黑了都搭不上车咋办？"

她说："随便找个地方搭帐篷住下啊。"

我故意问："荒郊野外的在路上搭帐篷安全？"

她说："又不是没有经历过，不是还有你这个腰挎登山杖，自诩行侠仗义的侠客嘛。"前面在车上她问我出来干啥？我说是为了行侠仗义、劫富济贫、除暴安良。心想："哟，小姑娘，还挺爱记仇。"于是笑了笑说："没问题，侠客保护你。"想了想又继续问道："你说你一个小姑娘，独自一人出来走这么远干啥呢？何必以这样的方式去西藏呢？"

她微笑着说："你不是也一样。"

我说："我出来是带活动，是为了完成自己的梦想。"

她挥了挥手中的枝条："我也是为了完成去西藏的梦想。"

我心想，又是个以西藏为梦想的姑娘，不过为了完成梦想，挺好。因为太多的人走着走着，就不知道梦想是什么了。

听她说完，我反问说："实现梦想可以坐飞机搭火车呀，你是何苦呢？徒步走滇藏线，又苦又累又没地方睡，而且还危险。"

她反问："你又何苦呢？"

我回答说："我和你不同，我身上肩负着责任，而且我还是流浪惯了的人。"

她说："有啥不同？我也流浪惯了，我已经出来一个多月了，而且我是在为我的梦想负责。"

我心里纳闷，于是嘀咕："这个女孩子肯定没有男朋友，不然不会这么逞强。"

她听到了问我："你嘀咕啥呢？"

"我猜你没男朋友。"

"为啥？"

"因为你性子太要强。"

"切。"

"你还不要不信，我有一个女同学，没有男朋友之前，我们朋友一起出去爬山，她爬得比谁都快。后来找男朋友了，我们再去爬山，还没走几步，她就当着我们的面撒娇说：'我走不动了啦，脚走得好疼哦。'于是她男朋友对她又哄又负责拿所有东西。依此推断，你肯定没有男朋友。"

她对我翻着白眼没理我。

过了会儿我继续说："滇藏线上七八月份是雨季，而且我们前方的志愿者说，前面发生了塌方和泥石流，路也堵上了，还死了人，你就不怕？"

她说："怕就不来了，每个人都有自己的路要走，既然已经在路上，担心那么多干嘛。"

我问她："那你的家人不担心吗？"

她沉默着没有说话，自顾自地走着，我以为她没听见，就继续问："喂，你的家人不担心你吗？"

她说："我为什么要告诉你。"看她不开心的脸色，我"哦"了一句就没继续说话。

过了会儿她说："他们根本就不会管我，哪怕我死在路上，他们也不会知道。"说完继续拿着手机东拍拍西拍拍，像没事一样。

那一刻我没有说话，尴尬得不知道说什么，也不知道如何安慰她，我们本是陌生的路人，有缘在路上结伴一程，我又有什么资格追问她内心不愿说出的故事？

家家有本难念的经，每个人都有自己的三千烦恼丝，想不通，看不透，舍不得，也放不下。

惜　缘

天色慢慢暗了下来，我们边走边拦车，来往的车辆呼啸而过，就是没有停下来的意思。

她背着包独自走着，我看着她的背影，看出了孤独、坚强和执著。心里突然涌现出一股伤感，她一个姑娘，20出头的年纪，孤身一人，每天有一顿没一顿的在外流浪着，好好的在家待着，看看电影，刷刷微博，吃吃西瓜，发发朋友圈，不是很好吗？

干嘛非出来折腾。要去西藏，坐个飞机或者火车一下子就到了，何必出来折磨自己呢？

我忽然看了看自己，我不也一样吗？我们都是在流光里游走的孩子，心中装着一些放不下的东西，走出来只是为了看清前行的方向和自己，想给自己的心找一个可以释放的出口。

她伸着手坚强的拦着车，每一辆车呼啸而过，她都会跳起来挥挥手，大声地说："一路平安哦，再见。"

看她不停地挥舞着手，我害羞了，一个男生和女生一起走，竟然让女生不停地拦车，还把我的口号抢了，这要是被人知道了，我还不被嘲笑死。于是大步走到她的后面，对她说："拦车的事，还是我们当爷们的来。"

于是每看见一辆车来了，就双手合十的站在路上，她瞪了眼，没理我，继续竖起大拇指。

一看她拦车的姿势，我就知道她是老手，标准的国际搭车姿势，唯一和人不同的就是，每过一辆车她都会挥挥手大喊："一路平安哦，再见。"我呢，还是远远地看着车来了，就双手合着十的站着。

她看着我的样子取笑我说："哎哟，你这是要佛祖把你带去西天的节奏吗？本姑娘我走过大江南北多少年，什么人没见过，就还没见过你这样拦车的。你腰要挺直点，双手合十，要闭上眼睛啊，对，还要微笑。"

我没接她的话，抬头看了看夕阳，指了指自己笑着问："像不像菩萨沐浴佛光。"

她没回答，我们继续以各自的方式边走边拦车。期间有几辆车停下来，上前一问要收费，我们只好作罢。

继续往前走，在太阳就快下山的时候，一辆车窗上贴着丽江到香格里拉的商务面包车在我们前面 50 米左右的地方停下来，一位穿着藏服的大哥走下来对我们招手说："搭车的，赶紧过来。"

她笑笑大声问："大哥，扎西德勒，我们是搭车的，要收费不？收费我们就不坐。"

司机大哥大手一挥用略带藏腔的普通话笑道："上来，上来，不要钱。"我们欢笑着向前跑去。

终于搭上了车，我距离目的地还有几十公里，她呢，还有一百多公里，我们俩相互微笑着。

司机是个藏族大哥，下午刚刚从香格里拉送了一批游客到丽江，现在赶回香格里拉。

她笑着告诉大哥，刚刚在路上搭车的时候，也遇到很多拉客的，要收钱，我们就没坐。

大哥告诉我们，他从小就受藏传佛教的洗礼，思想很受佛教的影响。他在前面遇到很多人都没有搭他们，因为每年这条路上搭车的人太多顾不过来，之所以搭我们是因为他看见我站在路边带着佛珠，很虔诚的双手合十，佛说渡有缘人，所以我就愿意搭你们。

我当时心中深深的震撼着，本来是开玩笑的，结果我们真的因为这个姿势搭上了车。我立马双手合十，对着大哥说："扎西德勒，感谢大哥，感谢佛祖。"还对女孩挤挤眼，说，这次不是装的了吧。

她没说话，也没点头，沉默着。

在车上我们一直和藏族大哥聊着天，大哥见我也喜欢佛教，就和我们讲他学佛的故事。

他告诉我们，他们村里几乎人人都信佛，他们那里的小孩子，从小就要去藏传佛学院修习佛学。

一路上他有几句话对我影响最大，仿佛是在开示我一些什么。一直以来，身边学佛的人或者一些接触过的大和尚都会说："你要信佛，佛才会保佑你。"而他告诉我："一个人信不信佛不重要，敬不敬佛也不重要，重要的是他能否孝顺给他生命的父母和给他智慧的老师。""一个人成不成佛也不重要，因为佛也是人，佛是一个觉悟了的善人。""能一直做着善良的事是好事，但更重要的是对得起相信自己的人和良心。"他的话朴素而又纯粹，一次次击中我的心坎，使我再一次坚定自己的内心，朝着善良的方向努力。

　　车在暮色中穿行，不久我便到了虎跳峡。队友在路边等着我。下车的时候我对姑娘说："下来吧，明天一起徒步去虎跳峡。"她摇了摇头说她的下一站目标是香格里拉，决定了就不会改变，有缘我们拉萨见。我看到她眼神里的执著，然后把自己在大理一寺庙结缘的一本《金刚经》和《大悲咒》送给她，转身下车。我知道，她和我一样都是在追寻心灵和自我成长的人，在各自的天涯有着各自的归宿，她的归宿是远方和梦想，我此刻的归宿呢，是我的队友，因为我的责任在这。

　　下了车，我站在路中间，闭上眼双手合十送别。

　　看着面包车渐渐消失于眼眸，我内心没有留恋，没有悲伤，只有无尽的祝福，我相信佛能把我们送到目的地，也能佑我们平安喜乐。此刻，我只愿十方诸佛，佑她一路平安。

　　我是一个惜缘的人，大多时候，即使是面对天涯的过客，我都不忍转身，因为转身即意味着别离，离别很多时候意味着再也不见。缘分，就是如此，该聚的时候聚，分别的时候自然分别。

　　回到大部队的住处，看着队友熟悉的脸庞，从分别到再聚，队友的一声声东哥，让我再次想起出发的那天说的那句话："就算死在路上，也要带着你们走下去。"和刚刚遇见的那个姑娘一路微笑、坚强、随遇而安的模样，内心再次深受感动。

我们之所以选择在路上，恰恰是因为对生命太过热爱。

以前每次出门，最忌讳的就是说"死在路上"这样的词语，后面想通了，就明白了，其实生命本身就是一场向死而生的旅行，我们都是在路上的人，来的时候从起点开始，一路向前，死的那天，就是自己今生路走到了尽头，是谓死在路上。

而现在很多的人，忌讳着死这个字眼，千方百计寻找长生的方法，不断地往身体里灌各种药物。一个人太在乎生，就会害怕死，一旦害怕，死就会成为一种罪恶，那么一想到死，就会给活着的时光徒增烦恼。

我想我们是不是应该更在乎如何活好，活在当下，做些快乐的事，做些自己喜欢的事会更好，我们是不是应该更加珍惜那些有限的时光，而不是处处担心何时会死才对？因为不管怎样，此生都是我们仅有的一生，我们愿不愿意，接不接受，我们都会离去。

在回忆里写下这些字

后来我也到了拉萨，却没有履行她说的拉萨再见。

我不知道现在的她，是不是遇到了那个她曾说愿意用一辈子时间，等待一个愿意陪她穿越可可西里的人，抑或等到了那个愿意让她付出所有年华去爱的人，我想，如果等到了，我知道，此刻她们不管在哪，都是她们的海角天涯。

记得我曾在路上问她："如果遇不到，咋办？"

她微笑着回答："那就等，一辈子不够，那就两辈子。"

她的声音穿过山风刺进胸膛，我全身起了鸡皮疙瘩。

我更知道，她肯定来过拉萨，内心虔诚的活在西藏的阳光里，看过我曾看过的风景，走过我曾走过的路，听过布达拉宫旁转经筒吱吱呀呀的声音，也看过大昭寺广场上磕着长头的藏民，肯定也去过仓央嘉措和恋人玛吉阿米约会的那个黄色小房子处，也一定去过拉萨河边捡过石头看过落日。

所以第二次回到日光倾城的拉萨，我倍加珍惜，我不仅在路上悟了佛，更邂逅了那个和我一样一直对爱对梦想执著的姑娘。我在她身上看到自己的影子。

现在，我早已从拉萨回到了家，坐在电脑前，翻开那天的日记，看着这段际遇的片刻，想起那个和我家妞一样喜欢笑的女孩，心里总想做些什么。

我想，写首歌吧，可我没有音乐天赋，不能为那段岁月谱写一曲乐章；唱一首歌吧，可五音不全，还老走调。算了，那就写写文字吧，至少，我还可以用自己心中的那点故事，沾染一些岁月的风霜，以风为墨，空气为布，肆意在自己的世界里挥毫泼墨，以纪念那段遇到你们的时光和那个走了一路，彼此都没有问过名字的姑娘。

当你看到这段文字的时候，我正在行走的路上，用一辈子的时光，祝愿偶遇这些文字的你。

在你行走的路上也遇上一个，能陪你一起走下去的人，遇到了，好好珍惜。一起去走完属于你们的那段时光，不管是年轻的时候，还是老的时候。祝福你们走的时候就一起走，一直到路的尽头，喝酒的时候，就把那杯酒喝到无味，听歌的时候，就把歌循环到无韵，爱的时候，就把那个人爱到无心。

蓝天白云，暮雪千山，去往西藏的路上风景如画。

那天因为落队，我一个人走在了最后。

因缘际会，于是有了上面的这个不算故事的故事。

很多人，这一生一世，一旦说了再见，就再也不会见，所以愿你我安好，愿如母众生，喜乐平安！

遇见过的那些傻姑娘

你这一辈子，遇见过几个让你又心疼又想保护的姑娘呢？如果有一天你们早已经不再联系，你又会不会在某个夜晚想起她们。

一、下一次，遇到你之前，我一定不会恋爱

"军军，这下好了，我身体里流淌着你的血液了。"

半夜狗样正睡的迷糊，手机短信铃声响起，拿起一看，顿时魂飞魄散。

流淌着我的血液？怀孕？

狗样颤抖着发过去一个询问的短信："啥情况？隔空亲了一下也能怀孕？"

"你想哪去了，我刚刚被蚊子咬死了，我寻思蚊子肯定是你派来，故意亲我的。"对方回道。

狗样发了几个郁闷的表情过去说："大姐，半夜三更你睡不

睡，再说，长沙的蚊子能跑到你大北京？"

"赶紧来接我，我在火车站，刚下车，就被蚊子咬死了。"

……

狗样把这个事情和我说的时候，我正睡得迷迷糊糊，狗样一脸哀求地说要我陪他去接那个女孩。

女孩是他的高中同学，性格豪爽，在北京读书，突然来长沙找他玩。

我打死不从，这么慓悍的姑娘我咋能 hold 得住？

狗样说："绝对合你胃口，你赶紧来拯救拯救她，就陪我去接一接她，就一次，我给你洗一个月臭袜子。"

见一个姑娘，洗一月臭袜子，还行，我为难地点了点头。

半夜我们从岳麓山山脚下打的杀到火车站，狗样指着一个在广场上跳方格子的姑娘说："上。"

细眼一看，长发及腰，身材较好，眉清目秀，婉约端庄，但是不知脾气如何。

姑娘看见狗样和我，立马上前搂着狗样的脖子对我说："你好，我是杨军媳妇。"

狗样原名杨军，狗样是我给他取得外号，因为每次看见女孩子就色眯眯，下意识的舔一下舌头。

我一听她介绍，心里一紧张，外表真能欺骗人，这就是一虎妞。狗样听她说完，立马脸红着说："别闹，赶紧好好自我介绍，这是我经常和你说的小东。"

她一听立马笑着伸出手说："小东子，你好，我是军军青梅竹马的同学。"

我心里寻思这姑娘一定是带着杀气来的，于是装作镇定地看着她说："你叫我小东子，我是该回答'喳'呢？还是回答'小的在。'"

她说："你喜欢怎么回答就怎么回答，你自己看着办！"

我笑笑说："喳，谢狗样公主殿下尊重。"

她眉毛一蹙说："狗样公主殿下？"

我连忙解释说："你说你是他媳妇，而我喊他狗样，所以称你为狗样的公主殿下。"

她笑笑说："小东子，真有意思。"

我刚要张嘴，狗样对我瞪了瞪眼说："这是我高中同学，刘诗静，北京来的，是我妹妹，赶紧拿行李，深更半夜的，你俩就别神经了。"

她调皮的吐了吐舌头。

我拿出一瓶风油精递给她说："擦擦被蚊子咬的地方，就不痒了。"

她在夜色里停顿三秒，三秒过后，接过风油精，害羞地说了声："谢谢。"

这个世界上很奇妙，有些人只是初见，你就感觉你们彼此好像很熟悉，说话轻松自由，可以口无遮拦。

我想这也许就是传说中的缘分吧。

我们由此认识。

她在长沙待了七天，七天时间里我们相处得无比融洽，只是她伶牙俐齿，说话喜欢像禅宗大德那般打机锋。

狗样因为实习，安排我当她导游。

七天里我带她逛过湖南大学、中南大学，带她爬过岳麓山，陪她去橘子洲头看过烟花，去马王堆看过千年女尸，去太平街吃过臭豆腐，去湘江的河床上捡过小田螺，反正长沙能去的地方我都带她去了。

她唠唠叨叨着你们男生就爱邋里邋遢，然后帮我们洗过臭袜子、洗过衣服、煮过饭、打扫过房间，逛街的时候，还会买一些贴画、墙纸、花花草草挂在我们的墙上，小房子稍微有了点家的味道。

　　她喜欢和我斗嘴，记得有一次她坐在我房间里，翻看我书桌上从寺庙结缘来的一堆经书，她笑着问："你拿这么多的经书，以后是不是想当一个和尚？"

　　我笑着摇摇头。

　　"那你还拿？"

　　"我是想拿着这些经书镇住我的七情六欲和浮躁轻狂。"

　　"我很好奇，你们学佛的人，将来碰到喜欢的姑娘该如何表白？说一句来听听？"

　　"我是想拿着这些经书镇住我的七情六欲和浮躁轻狂以及你走后狗样对你的满腹思念。"

　　她晃动着大眼睛，笑着说："不好听，再来一个，你不是自诩你表白的话语信手拈来，从不打草稿吗？"

　　我笑着摇摇头。

　　她笑着说："就知道你爱吹牛。"

　　我想了想盯着她认真说道："你头上的一根根黑发，就是我心中的一座座寺庙，你脸上甜甜的一个个酒窝，就是我修行的一个个道场，你的一举一动一颦一笑，是我看不完的经书和听不厌的佛法。世人修佛，我修你。"

　　她听后，脸一红说："我出去做饭去了。"

　　我心里笑道，哼，小样还想难住我。

　　最后她走的那天，她说她想看看长沙的夜色，于是我们大半夜地走在长沙马路上，走了好几个小时，把她送到火车站。

上车后，她发给我一条短信："谢谢你陪我谈了七天恋爱，你果然像狗样说的那样优秀和可爱。"

我想了想，回短信说："有时间再回来，记得你身上带着我和狗样的血液离开。"

"如有下一次，遇到你之前，我一定不会恋爱。"她回了条短信。

我在手机上打道："哎，我上天入地下海无所不能，我一个跟斗能翻十万八千里，我能活在风中，我能脚踩祥云，我能吸收太阳的光能，我能和星星说话和月亮说话，我还能化身蜘蛛侠化身奥特曼。可一到你这里我就凡心大动，现了原形。"

最后想了想，删掉，回复："姑娘，一路顺风。"

二、做了多少现在想起都恨不得马上撞墙的蠢事

我有个妹妹，在我们所有人不看好那个男的前提下，喜欢上了一个眼镜男。从此不知道浪费了她多少脑细胞和心思。

人说女孩子谈恋爱，智商降一半，其实我觉得，不仅智商连审美都能降一半。自从喜欢上他以后，我妹妹神志不清，可周围的人都是清醒的。

男的说一句话，我妹妹能想上十句。男生一个皱眉，我妹妹能猜上一天他在想什么。

记得有一次我们和她争。

她说那男的戴眼镜好斯文，我立马说："看他那样子很猥琐，整天除了让你给她带饭吃，整天躲在宿舍里玩游戏，衣服内裤啥

的都丢给你洗，难道带个眼镜就能带出斯文来了？"

她一脸花痴地望着天花板，说那小男生是上帝派来拯救她的小天使，为了让她变得勤快而来。她宿友和我是统一战线，听完立马回应："我也感觉他猥琐，不然为什么他每次看见女生就一副色眯眯的样子，整天被女孩子使唤来使唤去。"

我妹妹一脸花痴的说："说明他人缘好啊。"宿友立马被气哭。

有一次她兴奋地当着我们所有人的面夸那眼镜男，说他上课的时候做了一个"嘘"的手势，好帅好帅。

坐在那男生前面的女生说："其实眼镜男是想抠鼻屎，只是手指还没瞄准鼻孔，看到我看到他了，他就把手指停在嘴巴旁，恰巧被你看成'嘘'了。"

他们还没谈几天，眼镜男就伸手问我妹拿钱，我一看就知道是个混蛋，心里气得直咬牙，但我妹心甘情愿，从此每餐只吃稀饭，食堂只打最便宜的饭菜，一个本来就八十斤的姑娘美其名曰减肥，省下钱全给那眼镜男买衣服、裤子、皮带，外带充值游戏币。

她喜欢他喜欢到连他下巴的痣都爱，有一次我们一起吃饭，她绘声绘色地描述眼镜男的痣上长了一根毛，平时都是一边捻着痣上的毛一边打游戏。

我们听着饭都吃不下，集体敲饭盆表示抗议。她还一脸兴奋地自言自语："嗯，你们说男人是不是有痣才性感。"我沉默不语，她室友马上说："我性感你一脸，那就是一颗缺心眼的痣。"

我妹在我们面前是一个大大咧咧的人，坚强的不像话，我们都称她为女汉子，而一到那个男生面前就瞬间变成小女生，一脸楚楚可怜样。

张爱玲曾写给胡兰成："见了他，她变得很低很低，低到尘埃里，但她心里是欢喜的，从尘埃里开出花来。"而我妹的呢？见了他，已经不是很低很低，而是就变成了尘埃，恨不得匍匐在他脚下。

后来有一天，我妹一一打电话给我们这些朋友，说到老地方聚会，老地方是我们经常聚会的一家清吧，靠近湘江，风景秀丽；那一天她又唱又跳，时不时大笑，时不时劝酒，我知道她不正常，就没怎么喝，她室友一一被她灌得面红耳赤，到了最后，真相大白。

她告诉我她分手了。我们一群人涕泗横流，跳起来举杯欢庆，仿佛八年抗战，日本鬼子终于投降。这么一个倔得作死的山东大妞，这么一个十头牛都拉不回来的姑娘，这么一个干净利落敢爱敢恨的姑娘，终于告诉我们她解放了。

我们让她发表分手感言，她摇了摇头说："过去了就过去了，我和他的事一开始，你们就是都反对的，我也知道，我和他不会有结局，但是我为什么依然坚持，不是执迷不悟，而是恰巧他出现了，而我又恰巧爱上了，我本以为可以用爱改变他，谁知我的爱不够强大，所以命运告诉我要继续修炼，来干杯！"

聚会的最后，她室友拿给她一张纸和一个瓶子说："来吧，赶紧把那混蛋的名字写上，然后塞进瓶子里，丢进这浩浩汤汤的湘江，让江水把这混蛋带走。"

我妹接过纸和笔，写下他的名字，然后站起来，对着江水大声喊道："谢谢，祝你幸福。"瓶子消失在夜幕中，随波逐流。

回学校时，我送她回宿舍，我妹笑笑说："哥，我累了，你能不能背背我。"我点点头。

在我的背上，她问："哥，你说我是不是特别傻？"

我摇摇头说："傻丫头，你不是傻，你是脑抽筋。"

她咬了一口我脖子道:"说真话。"

我叹了口气说:"没有什么傻与不傻,年轻的我们都这样,你爱过,所以你也开心过,你之所以为他绽放,是因为你喜欢,最后离开,也只是因为不适合。每个人年轻的时候都会遇上那么一个让我们既爱又恨的人,这个人的出现可能会让你觉得世间如此美好,也可能最后把你伤得体无完肤。你用尽所有力气去爱他,其实在他看来依然不够。但是请相信,他的出现只是为了让你明白,你也能对狗好,你也能踩狗屎,最后也能远离狗屎。"

但是不管怎样,祝福那些伤害我们的人吧,相信他们不是有意的,他们做的只是在当时对于他们来说最好的选择,你的离开,也是如此,所以,不管怎样,希望在未来的日子里,让那些伤害我们的人,始终坚信,他们的选择是正确的。

……

听我唠唠叨叨,她趴在我背上说:"哥,那我以后还会不会遇见自己喜欢的人呢?"

我想起电影《甜蜜蜜》里的一个桥段,笑了笑回答说:"怎么不会呢?傻丫头,今天回家洗个热水澡,明天起来,满大街都是男人,个个都比那混蛋好。"

"哥,遇见你真好,我感觉我也有好运气的时候。"她迷迷糊糊地说道。

世界很大,多走走,才不会走错,多看看,才不会走眼,多想想,才不会做错。年轻的时候,我们都会做一些让现在想起来都恨不得马上撞墙的蠢事,但是无所谓,正是年轻,我们才这样,也是年轻,我们才会如此,感谢年轻,感谢青春里,我曾来过。

三、世界上最浪漫的事

有些人，不期而遇，爱情来了，随遇而安。

他说：你活了20多年，唯一审美、眼光对的时候，就是选择了我，不然为啥每次给我买的衣服都不好看。

她盯着他笑笑说：是哦，我把所有的好运气，都用在了找你身上。

他和她相遇在一个兼职活动，他替老板招聘兼职，她应聘兼职。第一次见面是在网上，她坐在电脑前，笑着问他关于工作的各种事情，她宿舍背后的墙上贴着一个大太阳。

年轻的时候他桀骜不驯，他猖狂，他爱做梦，他诗情画意，他心有猛虎，细嗅蔷薇，因为他梦里住了一个维纳斯般的人。

而她呢？喜欢微笑，喜欢吃零食，喜欢嗑瓜子，喜欢吃话梅糖，喜欢闻橘子的香味，她心思细腻，爱写文字，心里住着一个文艺青年。

本来没有交集的他们，因为兼职相遇。后来他们渐渐相熟，他和她讲他和她们的故事。

她微笑地听着，听着听着，她开始就慢慢喜欢上他了。

他遇见过许多女孩，各种各样，而她呢？长得不是最好看的，但她和他遇见过的所有女孩子不同。

她喜欢笑，特别喜欢笑，是发自内心的笑，她的笑能融进他心里，让他坚硬的心变得一颤一颤，她巧笑倩兮，她含情脉脉，她温柔似水，她简单，她善良，她笑中带着坚强，带着希冀，她的笑让他如沐春风。

他慢慢地喜欢上她，因为她让他踏实，让他心安，让他毫无顾忌地去做自己。

后来他们经过很长的一段时间相互了解，像世界上最美相遇的结局一样，他们在一个夏天恋爱了。

她是一个至情至性的女子，敢爱敢恨，她站在他的身后，用尽全部力气，支持他所有的决定。

他脾气不好，他性子古怪，他时而浪漫，时而暴躁，时而多情，时而固执。她用她的温柔和微笑为他筑起一个港湾。

他喜欢折腾，他和朋友在学校创业，做着各种事情，吃亏了也从来不说，借给朋友钱，朋友还不还他都无所谓，后来一个项目失败，负债累累，她陪着他一起渡过难关。

记得他和我说起他们的故事的时候，是在 2014 年 8 月，他来参加在爱中行走第三季活动。他跟我们一路从贵州出发，一起走了三十多天，走到香格里拉的时候，我们住在同一个宿舍，晚上喝酒聊天时，他和我说起这个故事。

他说："哥，你知道吗？我能来参加这次活动，全靠她，没有她的支持，我根本就走不到现在。"

我说为何？他说："我今年出来，临行前，公司出了事，我欠了一屁股债，身无分文，每天都是借钱度日。所以根本没钱来参加这次活动，她知道后，默默的出去兼职半个月，为我买了一张去贵州的车票。并拿着二百块钱和一张卡告诉我说：爷，你去吧，这是你的梦想，暑假我已经找好了兼职，你先带着这些钱上路，后面的我每天做完兼职，除了吃饭的钱，剩下的我就给你存进卡里。"

我说我不去了，她说你必须去，妞支持你。

于是我就来了。后来我才知道，她原来在做着一件很辛苦的兼职，每天要输入三百多个号码，搬运很多的饮料，才拿几十块钱，但是她不告诉我。马上七夕了，我不想她那么辛苦，我现在特别想她，所以走完香格里拉这一站，明天我和大部队一起搭车去成都，到了成都，我就回去了，回去陪她。

我问："西藏不去了吗？那个活动不是你梦寐以求的吗？"

他摇摇头说："我想了想，还是她重要。"

我问："她知道你回去吗？"他说我打算给她个惊喜。

后来我们从香格里拉返回丽江，搭车前往成都，到了成都，我和队友送他上车。

待到晚上的时候，他回来了，还带了一个姑娘回来。

我们笑着问："不回去了？在路上艳遇了？"

他笑笑说："不是，这是我家妞。我本来想给她惊喜，所以在火车上故意打电话给她报平安，结果她问我在哪，我说在成都啊。然后告诉她过几天就回去了。她着急地说，让我不要回去。我说不行，必须回去。结果她告诉我，她正在来成都的路上，现在已经到了重庆北了。我只好下车，赶到重庆北等她。"

大家听完，都说太浪漫了，简直像小说情节一样，你想给她惊喜，而她也想给你惊喜。你为她放弃去西藏，而她千里迢迢赶来只为完成你的梦想，太羡慕了，最好的爱情就应该是这样。

听我们夸完，那姑娘拉着他的手站在他身边，一直咯咯咯地笑着。

看着她的笑，想着他们的故事，真的很温暖。

七夕节那天，我们一起在成都包场去看电影《后会无期》，他转发了她的一条说说："爱情本无定式，陪伴是最长情的告白。他们说最浪漫的事是陪着他慢慢变老，而我认为其实最浪漫的就是陪在他的身边，支持他的梦想，看着他开心，陪着他吃苦，然后他偶尔陪我看一场我最喜欢的电影，七夕快乐！"

徐志摩说:"一生至少该有一次,为了某个人而忘了自己,不求有结果,不求同行,不求曾经拥有,甚至不求你爱我,只求在我最美的年华里,遇到你。"

说着说着,就笑了,看着看着,就记住了,走着走着,就喜欢了,想着想着,就爱上了,而后,我们都会进入一座城,一座只有两个人记忆的城。

四、一生去爱,一生被爱

认识她,是参加一次活动。

从三亚徒步天涯海角的时候,我负责清点人数,因此只好来回在队伍里面奔跑,快到营地的时候,我跑到队伍的最后面,看看有没有落队的孩子,结果看着一姑娘背着一个大包一瘸一瘸,上前问才知道,姑娘崴了脚。

我接过她身上的背包,板着脸问:"你哪个军团的?哪个组的?组长是谁?"

姑娘笑了笑说:"不告诉你。"

我问:"为什么?"姑娘摇摇头。

我想了想说:"小样,我还不知道你那点心思。放心,我不会骂他们。"

姑娘摇摇头说:"是我让他们先走的,我刚准备打个车去营地。"

见状,我知道再问肯定没有答案,便说:"那你先休息下。"

坐下后,我帮她捏了捏脚,看没什么大碍,打了个电话安排后勤组的小伙伴过来接她，就准备走。

刚转身，她发出"呃"的一声，我回头看她脸红彤彤的，就问："咋啦？"她用手指指她的背包。

"先借我背一下，到了营地给你。"

说完背着背包，头也不回，大步走去。

回到营地，清点队伍，安排大伙扎营休息，然后想起那个姑娘，于是去医疗箱，拿了点药，在营地里问："今天是谁崴了脚？"

有小伙伴听了说："好像是杨静。"我说杨静是谁，她站起来鼓着大眼睛笑着看着我说："是我。"

第二天，早上开完例会，回到帐篷，帐篷里放了份早餐，上面还写着一行字："谢谢你帮我背包，还有给我药哦！"落款是一个叫作杨静的姑娘。

而后，我们又见了几次，她每次看见我就大咧咧的笑，每次我在台上讲话，她就一直盯着我，每次我经过她身边她就大喊"东哥"，每次看见她我就隐隐约约有点不好意思，于是每次都避着她。

在天涯海角的最后一天晚上，篝火晚会后，被一群志愿者缠着讲完关于初恋的故事，我一个人坐在海边的木船上，边喝酒边想着过去的点点滴滴，想着想着，突然一个人拍了下我的肩膀，我吓了一跳，回过头一看，她瞪着大眼睛笑着问我："你在干什么？"

我举了举手里的啤酒瓶说："喝酒。"她瞪着大眼睛说："我也要喝。"然后屁颠屁颠跑到后勤车上拿了一瓶酒，坐在我旁边。

边喝边问我："刚刚你和大家在讲什么？那么多人围在一起？现在又一个人坐在这里。你知道吗？一个人看着远方的时候，不是回忆，就是在悲伤着一些什么，你说你是在回忆，还是在悲伤着一些什么？"

我看了看她，举着瓶子说："来喝一口。"

她喝了一口。

看她喝完，我刚举起瓶子要说话，她摆摆手说："你干嘛一直让我喝？"

我笑道："好堵住你的嘴啊，一个姑娘家啰啰唆唆，以后谁敢娶你。"

"嫁不掉，就嫁给你。你要不要？"她的话刚落下，我心中尴尬。她哈哈大笑，指着我说："哎呀，和你开玩笑的啦，你害羞啥？"我看着她，心中一直骂自己，当初真不该帮她背包，现在遇到对手了吧？平时口才这么好，今天怎么被一小姑娘就领着团团转。

叹了叹气，我举着酒瓶对她说："再喝一口，赶紧就去睡觉，都这么晚了，明天还要赶路。"

她可怜兮兮地说："明天就离开了，我还想多看看天涯海角，我还有好多问题想问你，大家都说你经历特别传奇，你能不能和我说说？每次想和你说话，你身边总是很多人围着。好不好，就圆我一个小梦。"

看着她的样子，我想起多年前遇见的一个姑娘，也问过我似曾相识的问题，于是点点头说："晚上冷，你去穿件外套再说。"

她摇摇头回答："外套被队友穿着，队友现在已经睡着了，我不想吵醒她，何况现在也不冷。"我看了看她，没说话，转身跑到帐篷里把我的外套拿来递给她，她摇头摆手说不要。

"不要就回去睡觉。"我佯装怒道。她把衣服接过，说了声："东哥，你真好。"我老脸一红。

于是我们坐在天涯海角的木船上，边喝酒边说话，她问我答，她笑我笑，我和她说着自己年轻时候的荒唐事和大梦一直到凌晨两点，她坐在木船上靠着我，听着我的故事，频频点头，最后她红了红眼睛。

临走的时候，她把衣服脱下递给我，张开手臂说："来一个简爱的习惯。"我扭扭捏捏，假装没听到，问她："明天你和谁搭车？"她没回答，似笑非笑地看着我说："赶紧，我要回去睡觉啦。"我起身抱了抱她，刚想放开，她用力抱着我说："别动，让我听听你的心跳。"我老脸一红，心里扑通、扑通，心跳加快，我举目四顾，海上渔船的灯光若隐若现，海浪拍打着岸边，潮来潮去……

过了会儿，她抬头看了看我说："我和你说一个故事，你不要告诉别人。"

心里紧张，生怕她说出什么惊天动地的话语，我木讷地点点头。她说："我是个同性恋。"我心中一愣，嘴巴张开，支支吾吾的刚要说话。她的下一句话随口就来："可被你治好了。"

我老脸继续一红，没有说话，举目四顾，她盯着我看了看，捂着嘴笑道："骗你的啦，我不是同性恋，和你开玩笑的啦。"看着她的笑，我脑袋一懵，捧着她的脸，男性的荷尔蒙瞬间传遍全身，刚想做点什么，脑袋一顿，我突然意识到自己醉了，于是推开她，跳到海水里，掬起海水，一个劲地洗脸。心中呢喃道："不能承担，就不要承诺，不能负责，就不要犯错，冲动是魔鬼，冲动是魔鬼。"

后来回到海口，离别时，我没去送她，她托队友送给我一张明信片，上面写着一句话："在这个荒唐的世间，谢谢简爱给了我一场梦，谢谢你在梦里一生不醒，也谢谢你在天涯海角给我讲故事，愿你一直活在梦里，愿你梦里有喝不完的酒，醒来后酩酊大醉地过完这一生，你要照顾好你黑色的头发、挑剔的胃和爱笑的眼睛。愿你一生去爱，一生被爱！"

后记：遇见过的那些傻姑娘

我勾着手指头，数着一二三四五六七……

认真一数，才发现，漫漫旅途上，曾出现了那么多的好姑娘。

暗恋，明追，网恋，单相思，一见钟情，日久生情，一见再钟情，死缠烂打，无意邂逅，有意邂逅，蓝颜，红颜，朋友，朋友的朋友……

有些已经错过，有些恋人未满，有些亲如家人，有些偶尔联系，有些相忘江湖，有些爱我如生命。

要写完这些人，一本书都不止。于是我把她们都写在纸上，采用抓阄的方式，找出几个说与你听。

每个人的青春里都有故事，每个人内心都有一些小秘密，它们深藏于我们内心，成为永久的一种回忆。

而有一天孤独的夜里，你会默默的，不由自主地打开关着回忆的那扇门，然后走进去，独自黯然神伤，任思念满世界飘飞。

总有那么一个人的笑容，让你无数次想起，想起后辗转难眠。

总有那么一个人的名字，每当你念起时，能温暖你的内心。

总有那么一个人的亲吻，虽然就是几秒，却让你回味一生。

总有那么一个人的晚安，让你彻底睡去，睡去后，她还出现在梦里。

　　每一个故事，每一次相遇，情到深处，都会触及我们柔软的内心。世界上最幸福的事，就是爱和被爱，遇见过的那些傻姑娘，愿你们安好。

　　这个世间风景万千，愿我们每个人都能漫不经心地走下去，无论在哪，都有归属，无论何方，皆可心安。他日江湖，有缘再见，愿我们都已经活成自己想要的样子，过着自己想要的生活。

第四章

行走时光

一个人最远的行走，不是去到南极或
者北极，而是走出自己内心的执念。

一个人最远的行走不是去到南极或者北极，

而是走出自己内心的执念

不要因为走得太快，而忘记当初为什么出发

没有所谓的远方，所有的距离都是心的距离

行走的意义到底在哪里？谁知道呢？

谁也不会有固定的答案，因为每个人都得靠自己，靠自己在一片荆棘丛生的荒原里，走出自己的人生，走进属于自己的世界

走吧，走着走着就能找到自己，越过尘世的迷雾，我们会回到内心。走着走着就有梵音轻吟，穿过迷离的内心，我们会得到宁静

每个人的生命中总有那么一个地方，能够让自己的灵魂栖居，这个地方不喧闹不繁华也不在远处，它就像我们内心修建的一个国度，在这里面住着我们自己理想的样子，过着自己想要的生活

如果你突然就遇见自己

如果有一天你在路上走着，突然看到前面一个人，似曾相识，走上前去一看，原来是五年前的自己，你会对他说些什么？

一

2008 年，发生了很多事。

1 月，南方冰灾，我家果园的水果树全部被冰雹打断枝条，镇长代表镇政府去田里看望表示慰问，补贴了家里 500 块钱，父母把这 500 块钱给了读高中的我，这是我一个学期的零花钱。

4 月，父母从老家来看望正在为高考冲刺的我，临走时给了我一大罐家里腌制的腊鸭子，说让我加加餐，我用这一罐腊鸭子和同学郭伟换她妈妈给她每个礼拜送的一罐奶粉，后来郭伟得了肾结石，而后网上是铺天盖地的毒奶粉事件。

5 月，我坐在教室做高考冲刺试卷，突然窗子上的玻璃震动了一下，我以为是风吹，于是没留意。中午，学校广播就通知全体师生到操场集合，校长杨国春忧伤地指着讲台上的募捐箱告诉我们四川汶川地震了。一方有难，八方支援，于是大家纷纷捐钱，我从身上仅有的 300 元零花钱中抽出 200 元放进了募捐箱，拿着最后的 100 元吃了半个月的蛋炒饭。

6 月，高中毕业，然后我失恋了。

8 月，我光着膀子和父母坐在家里的小板凳上聚精会神地盯着家里失真的小彩电，等待晚上 8 点的奥运会开幕式。

9 月，我走进我的大学，于是发生了后面一系列我不知道的事。

记得第一次上讲台做自我介绍，我就说了一句话："大家好，我叫何东，来自湖南，生于道州，谢谢。"

然后回到座位上。

宿舍刚认识的哥们都夸我有个性。只有我自己知道，我是因为太紧张。

第二次上讲台，是在军训结束后的班会，班主任要求大家上台分享大学最想完成的五件事。

我被室友推上讲台，记得当时我说的是：

1. 征服学校图书馆。

2. 给自己交一次学费。

3. 带父母去一次旅行。

4. 等待一个叫小琴的姑娘。

5. 去一趟西藏，走遍中国十个城市。

老师听完，让我分享为什么会是这五件事，我回答得特别简单。

第一，我喜欢看书；第二，我想自力更生；第三，我要努力回报父母；第四，那姑娘是我的梦想；第五，来大学之前，我伯父告诉我要读万卷书，行万里路。

紧张地在台上分享完，下面都是异样的眼神，听到我说那姑娘是我的梦想的时候，同学们哄堂大笑。

直到 2010 年我离开学校，四处游学，五件事情里面我只完成了一半。

二

2013 年 7 月，在几个简爱志愿者的带领下，我第一次穿过传说中有着回声的拱门走进湘潭大学的一个教室，以简爱基金创始人的身份去给湘潭大学的学生做演讲。

演讲开头的那段话，是我独自在小黑屋里演练了无数遍的一段话。

我说：刚刚在来这个教室的路上，我一直在想，如果我在你们学校的路上走着走着，突然看到前面有一个人的背影似曾相识，等我走上前去一看，发现原来是五年前的自己：那时的他刚刚走进大学，头发有点卷，一脸的稚嫩，穿得土里土气，不知天高地厚还心怀大梦，我该对他说些什么，才不至于让他辜负这人生中最宝贵的青春？想到这问题的时候，我的第一反应是，什么都不说，先走上前去甩他俩巴掌，然后再坐下来和他谈谈大学里一定要完成的五件事，叫他千万不能把青春浪费了。

可能很多人好奇，为什么打他？因为他好好的大学时光，曾经有那么一段时间，被自己辜负了。整天在学校里无所事事，浑浑噩噩，不是玩游戏，就是写情诗看小说。而当初自己定下来大学必须要完成的五件事，那时认为的大学目标，大学两年下来只完成了一半。

……

现在想想，虽然大学里没能征服图书馆，但我相信，我应该是 21 世纪中国大学校园里为数不多的既曾在图书馆里抱着书过夜，又独自在走廊的路灯下读书的学生了，而且毕业时因为借书太多图书证欠 470 多块钱的事情也发生在我身上。

当时的疯狂举措，现在回忆起来，暗自佩服当年的勇气和拼搏精神。我可以自豪地告诉自己，不曾辜负了青春。

大二暑假，只身杀到浙江、上海、北京游学，边打工边学习。住过地铁站、睡过桥洞，最后和一个大哥相依为命在一个由厕所改建的地下室蜗居，虽然条件艰苦，但心智得到了磨砺，让我在往后的行走时光中更加笃定和从容。

大三的时候用自己挣来的钱，第一次带父母去广西桂林游玩了一圈，虽然只有短短的三天，也算是如愿地完成了大学定的一个目标。

回首大学时光，一直向着五个目标前进，我很庆幸自己一直在努力按着自己的想法活着，努力活成自己喜欢的样子。

人生是一条单行道，青春是这条单行道上的一小段，一旦错过，就只能错过。我很庆幸自己在大学里没有辜负过美好的青春。

亲爱的，你呢？如果有一天你走着走着，突然就遇见了自己，你会对他说些什么？

请给自己一个答案。

欠我的酒，让我带着行走

你走后的江湖，不知还能有几分江湖气
你不在的江湖，不知还能喝几碗江湖酒

——题记

一

从小有个梦，成为一名侠客，行走天涯，仗剑江湖，路见不平，能上前拔刀相助，但因年少力浅，许多眼中不平事，仍在不平中，爱莫能助。

而有那么几个人，住在我心中，成为我心中的英雄，成为梦中的我。他们在我的内心可用"侠"这个字来概括。

什么是侠？《辞源》里说："旧时是指打抱不平、见义勇为之人。""侠士，也指仗义的人。"借用司马迁自序里的一句话来讲，那就是：救人于厄，振人不赡，仁者有乎；不既信，不倍言，义者有取焉。他们其言必信，其行必果。他们已诺必诚，不爱其躯，赴士之厄困。他们既已存亡死生矣，而不矜其能，羞伐其德。他们内心秉持一个义字，喝一碗酒即可解千愁，张口一吐，就是一方江湖。

此生亦有幸，在弱冠之年和他们在虚拟江湖里相遇，他们曾是我梦里的江湖。

而今二十有六，不到而立之年，却和他们在江湖一一相见，有幸酌酒一杯，从他们身上借取一缕精魂，守护本心。

他们是我的老师，有些在书里相遇，有些在现实里相见。作为一个读书人，偶得一句话或一行字便可和作者相知。

这些年喜欢的人很多，佩服的人很少，能称得上用我心中"侠"字来敬，誓死相惜的人，唯有寥寥数人。

他们有隐于云南大理的土家野夫老师，他用笔作剑，叱咤于铁血尘世，所讲故事，穿人心，刺人骨。2012年我们相识于川藏线路上，队友听雪拿出一本《乡关何处》的书给我看。

他们有行于天地间发愿为抗战老兵养老送终的孙老爷子，行者孙冕，他以一己之力扛起关爱老兵的大旗，数十年间为背起抗战老兵在尘世间来回奔走，所作所为，堪当侠之大者四字。他说：有生之年，敬老兵至死。他发愿为抗战老兵养老送终。

我们相识于大漠之上的敦煌城。

他们有京城老文青，锤子科技的创始人老罗，他入世从商，带着一种文人的傲骨，在尔虞我诈的商海里恪守初心，坚持理想，不为输赢，只是认真。他以自己的方式爱着这个世界，他说有些鸟来到世间，是为了做它认为正确的事，而不是专门躲枪子儿的。

我们相见于侯门林立的北京。

还有一个人叫大冰，游牧民谣的始作俑者，常年混迹于滇西

酒逢知己千杯少

人生路窄酒杯宽

只此一别随风去

我是人间少年郎

北，拉萨和丽江是他的第二故乡。他是我认识的人里，不管是从书中，还是现实中，身份跨度最大的一个人，也是离我最近的一个人，我懂得他故事里藏着的那些难得的江湖情义和江湖柔情。

最让我记忆犹新的一句话不是他书中的豪言壮语，而是他在微博上回复他读者的一句话："如果我的这帮兄弟们可以离你们再近一些，那我宁可离你们再远一些。"

因为这句话，我们相识于2015年夏天的北京。

在这个欲望极度膨胀，人人自保的年代，很多情义和良知早已被人抛之脑后，而他说：我琴弹一般，歌唱一般，但却是一块很好的上马石，可以让兄弟们踩着我，美梦成真。

你支持你的兄弟，那我便支持你。跋山涉水，历经波折，只为告诉你，这个世间还有一个和你一样的人。屹立于世间，甘为他在乎的人，挡风扛雨。

废话不多说，今天是讲故事，讲讲和大冰的故事。

二

因为家不在山东，所以说不上从小就知道大冰主持的节目，但在记忆中，曾有过一个叫阳光快车道的栏目，偶尔在换台的时候看过几次。所以我不能和绝大部分人一样攀缘说：我从小看你的节目长大。

在2013年之前，生命里很少有大冰这么一号人物，那时的我年少轻狂，以为除了自己比较传奇之外，世间根本没有另外一个人像我一般传奇，更不会有比我更传奇的人。

我曾三次徒步进藏，负笈游学四年，大学读了五个学校，浪迹江湖七年，知交好友数十人，曾睡过桥洞卖过唱，和乞丐抢过地盘，开过工作室，也办过培训班，弹琴喜素琴，喝酒喜煮酒，饮酒喜用碗，下酒菜为风花雪月，陪酒人山川草木皆可，为女子能拼命，为兄弟能拔刀，为陌生人都能落泪，总之天生浪漫狂狷。

　　2013 年 6 月，我的兄弟大超从空间转了一篇文章给我看说，东哥，遇见一个比你还牛的人，看看。

　　打开链接，是一篇名为《不用手机的女孩》的文章，我的心情随着故事情节跌宕起伏，看到故事中小孩跟着主人公卖唱挣钱时，泪涌而出。

　　故事如此雷同，这活生生的是当初的我呀。

　　2011 年我流浪至上海，身无分文，饿得没饭吃，在天桥下和乞丐抢地铺，晚上一乞丐小姑娘走到我身边，伸出脏兮兮的手说：“哥哥，看你一天没吃饭，我这里有一个包子，给你吃。”那是 2011 年 6 月 14 日，我哽咽着带着那个包子，继续闯荡江湖。

　　从此以后，我养成了一个习惯，就是每年的 6 月 14 日，我都会走在城市里的角落，满世界寻找那些在路边行乞的小孩，送给他们一个装着包子和牛奶的袋子。

　　后来大冰的第一本书《他们最幸福》出版了，我买了 20 本送给我的志愿者，后来我了解到，他的确是一个比我牛的人，他是明星、作家、民谣歌手、资深西藏拉漂、酒吧掌柜、背包客、手鼓艺人、禅宗弟子。

　　而我除了是个背包客和西藏拉漂和曾经的半个酒吧掌柜之外，其他的和他相差甚远。但我心里是欢喜的，因为我遇见了一个和我同类又值得我学习的人。

我后悔认识了这个叫大冰的人，他传奇的人生履历充满了故事，他至情至性的性格，把人性善的一面展现得淋漓尽致，他对兄弟用情，对读者用心，对这个世界以他的方式坚守着善良的向阳面。他让我在心里对自己说，就应该像他那样活着。

后来的后来，每到一个大学讲堂讲起自己在路上的经历时，我都会和一些孩子说大冰的故事，告诉他们不要那么孤独，不要总是一个人，因为这个世界上总有一些人在过着你想要的生活。退场的时候总会说："借大冰的一句话送给大家，愿你我可以带着最微薄的行李和最丰盛的自己在世间流浪。有缘，江湖见！"

三

说说我和大冰的缘分。

首先说说和书中的故事结缘，由于大冰文章中讲的故事，我在组织活动的时候几次更改主意。

第一次，我原本已经计划好了在 2014 年暑假，带上 100 多人去贵州和四川及云南支教半个月，器材、物资、志愿者、学校都联系好了，就因为看了成子哥和豆豆的故事，我放弃了。

因为书中说："扪心自问一下，你真的是去帮助那些孩子的吗，还是去给自己的人生攒故事？或者是去寻找一份自我感动？支教是种责任和义务，是去付出，而不仅仅是去寻找，是一份服务于他人的工作，而不仅仅是一次服务于自我的旅行。真正负责任的支教志愿者，不应该是一个只有热情的支教旅行者。"

第二次，我准备陪着几个想辞职和休学去完成流浪的年轻人去浪迹天涯的时候，又因为大冰的一句话而和这些年轻人聊了一晚上的心里话，最终把几个年轻人劝住了。这句话是这么说的："旅行是维他命，每个人都需要，但旅行绝不是包治百病的万能金丹，靠旅行来逃避现实，是无法从根本上解决现实问题的。一门心思地浪迹天涯和一门心思地朝九晚五，又有什么区别呢？真牛的话去平衡好工作和旅行的关系，多元的生活方式永远好过狗熊掰棒子。"

第三次，也就是我一直在坚持的，以自己的方式为这个社会上的年轻人提供一种新的生活方式，让他们不负青春，更不让青春负了自己，让他们既可以朝九晚五的完成学业和工作，又可以一门心思的浪迹江湖。

到今天，这个项目在四年多的时间里，九次活动，影响数万名学生走出去，直接带出 5000 多个弟弟妹妹在路上浪迹天涯，背包走江湖。

我曾三顾大冰的小屋，一次偶见大冰，一次独自喝酒，另外一次带着欠我的一碗酒，然后走进江湖。

第一次见面，那时我正带着 160 多名从全国各地选出来的大学生志愿者，边走边唱边商战，从贵州出发，一路徒步搭车，历经云南、四川最后走到西藏。我做了一件至今还没人敢做的事，一直坚持着。因为这件事我被许多前辈称为最牛背包客。

在这个项目开始之前，老师说不可能完成，有关部门推三阻四，朋友劝我放弃，让我不要这么执拗。我摇摇头，想起这些弟弟妹妹在路上的成长，我说："这个世界上总有那么一些人，是要做一些别人不愿意也不敢做的事的，这是我修行的道场，你们不懂的。"

第二次见面的机缘，是因为这么一句话："如果我的这帮兄弟们可以离你们再近一些，那我宁可离你们再远一些。"

看到这句话的时候我想起了另外一句话："这个世界上所有的爱都以聚合为最终目的，只有一种爱以分离为目的，那就是父母对孩子的爱。父母真正成功的爱，就是让孩子尽早作为一个独立的个体从你的生命中分离出去，这种分离越早，你就越成功。"

于是我给大冰、十三月的众筹组，给无数的人，发了无数次私信，找了无数次人，被骗两次，最后我费尽心思来到北京。

我在北京和大冰相遇，我们拍着大腿，吐着唾沫星子，对酒弹琴唱歌，而后他写下欠我一碗酒，拱手说有缘，江湖见，我为他唱了首歌，送他走入江湖。

大冰走时，心里低吟，江湖见就江湖见。

四

哥，叫你一声哥可好，你我皆在世间修行，都为了完成自己内心的初梦，坚持着做自己，都在努力用自己的方式引导更多的人成为自己的样子。

我们虽未有过多现实世界的交流，但你用你的书，把你内心的江湖呈现给了我，看书就是和作者对话。你在说，我在听，我在你的字里行间发现了你的细腻心思，同时也感知着你对这个世界的悲愤和寄予的厚望。

我们都希望这个江湖变得更好。

一辈子就有一辈子那样长，人生的行旅上相逢不了多少人，相知和同路的更是甚少，谢谢这个世间还有这样一个你和这样一个他们，还有这样一个我，我们生活的方式不同，但是都有一样的侠骨柔肠。

借几句你自己的话送给你："你我都明白，这从来就不是公平的世界。人们起点不同、路径不同，乃至遭遇不同、命运不同。有人认命，有人顺命，有人抗命，有人玩命，希望和失望交错而生，倏忽一生。"

"你我皆凡人，哪儿来的那么多永远，比肩之后往往是擦肩，该来的、该去的总会如约发生，就像闪电消失后，是倾城之雨洗涤天地人间，就像烟蒂燃烧着的一年又一年，越来越少越来越短，急促促地把你催进中年。"

哥，我知道我和那些被称为"侠"的人，一直以来的努力就是想让这个世界变得公平一点点。

哥，你说往后会有那么一天你可能离开这个江湖，但江湖需要像你这样的大丈夫，那该怎么办？如果有一天离开了，那么我来替你坚守可好，因为岁月带来了皱纹、白发和肚腩，但却带不走我心中的风马少年。

有些人能遇到就已经是奇迹了，又何谈永远，不要永远，只要珍惜。

一个老师曾说，何东骨子里是骄傲的，看不起人的，所以你不需要朋友懂你，因为你有自己的世界。我摇摇头又点点头。

摇头是因为，我是一介凡人，何谈看不起谁，我们生于世间，皆属蝼蚁苟世。我之所以不轻易谈人是非，并不是看不起他们，而是我尊重每个人的路，那是他们的权利，他有他桥，我有我道，殊途同归，故不相与谋。我之所以点点头是因为我想到"是哦，相知甚少，相知甚少"！

哥，你今年三十有六，我二十有六，你大我十载，我输你十秋，大冰小屋曾欠我一碗酒，你兄弟老谢也欠我一碗酒，在北京你说你欠我一碗酒，你已经欠我三碗了，现在小弟还不想和你喝，待我有如你和这帮江湖前辈，以一己之力撑起一方江湖时，你再来把酒还我。

在此，以寥寥数千言，当作酒引，拿来敬你，我在这方江湖，望你那方江湖，稽首百拜。谢你爱着这个世界。

今后，我带着你欠我的三碗酒，继续行走江湖，慰不慰风尘都已经无关紧要了。

五

从2013年开始发起针对全国在校大学生的心灵公益成长项目"在爱中行走"到2017年已经发起九次活动，九次活动里我以最原始的方式带着年轻人在路上行走寻找自己。我们以天为被，以地为铺，我们餐风饮露，我们挣多少钱，走多远路，我们以梦为马，随处可栖，我们以自己原本就倔强的模样和这个不完美的世界战斗，我们遵循内心，挑战规则，我们在所有人认为不可能的前提下完成一次次公益和行走。我们一次一次的创造着属于自己的奇迹和当代年轻人坚持梦想的可能。一切的一切，只为成为自己喜欢的样子。

这个项目是我的一个梦，是我构建的一方理想江湖，我们在梦里肆意飞扬，我们在梦里行走天涯，我们在梦里把最美的时光安放在路上，我们在世间流浪。

曾有人问，做这个事情既没有利益又累人，何时能停啊。我笑笑说，你知道吗？这个世界上有一种人的梦想是没有尽头的，他只能够一直做梦啊做梦，做累了就睡一觉继续做梦，醒来还是做梦，待到死亡时，那就更如愿了，终于开始做一场醒不来的大梦了。

大冰曾说："人可以向往流浪，实践流浪，但流浪是个多么美好的词汇哦，无需和落魄挂钩，也不应该和乞讨画等号，它本应跟着你自身的能力和魅力合二为一。真正的穷游者皆为能挣多少钱走多远的路，有多广的人脉行多远的天涯。"

哥，你看到了吗？每年的这个时候，都有上千个年轻人走着你年轻时候的路，唱着你写的歌，带着一颗善良和爱的种子，在自己的故事里颠沛流离。

哥，你曾说："嘿，如果届时你早已死在路上了，我很乐意穿越千山万水，帮你去写墓志铭。"

"会摔吗？会的，而且不止摔一次。会走错吗？当然会，一定会，而且不止走错一次。那为什么还要走呢？因为生命本该就是用来体验和发现，到死之前，我们都是需要发育和成长的孩子。"

哥，你看见了吗？这样一群年轻人正在原始和野蛮之中，追求着自我发育和成长。他们早已经在路上，成为自己的故事。

六

写给一些孩子：

不要向往说走就走，任何的说走就走，都是不负责。

不要胡乱说："要么读书，要么旅行，身体和灵魂总有一个在路上。"所有没有目标的在路上，都是耍流氓。

找个目的地，然后去行走，哪怕你说去西安吃个泡馍，去甘肃找陌生人给你一支兰州（烟），去拉萨看一看布达拉宫都可以，记住一定要有目的地，人生才有奔头。

也不要动不动就说人生就这样了，人都很现实，自己改变不了什么，坚持理想有什么用呢？向前看看，多出去走走，你会发现这个世界上有太多为自己而活的人。

你看你的前方有着土家野夫、行者孙冕、老罗、大冰，他们守着自己的江湖，坚守初心地活着。你再看看大冰说的那些故事的主人翁，有以一己之力建一支消防队的老兵，有曾亡命天涯被通缉，如今在丽江弹琴唱歌的路平，有修过三所希望小学只身横穿罗布泊的菜刀刘寅，有花了前半生积蓄只为做一张专辑，如今还在丽江街头卖唱的大军，还有阿明，王继阳，老谢，妮可，宋钊，张晏明，成子，毛毛，杂草敏，煎饼侠大鹏，等等。

他们最幸福，也最孤独，如若有缘，我们一起去陪陪他们。

很多东西本来难以启齿，因为只关乎个人，写出来，只是想告诉更多人，这个江湖之上真的有人在追求着梦想，也有人过着你我都想要的生活，更有那么一些人用自己的方式坚持着让这个世界变得更好。

如果有一天你还没有在路上，也没有过上自己想要的生活，如果目前的你不能远行，也不能旅行，那么就读书吧。

读书可以让你体会到你未曾体会的东西；

也会让你发现城市之外还有这样一个江湖和这么多可爱的人。

读书更会让你对你现在的生活有了重新的认识。

原来生活也可以这个样子过。

原来世界上还有这样的人。

原来还有很多人在过着自己梦寐以求的生活。

原来你也可以这样活着。

找到自己的使命

一

2012 年 6 月我徒步进藏。很早就听说去往拉萨的路上有很多的朝圣者，但我从四川成都出发，走了一路，几乎都没有见过。

长路漫漫，前路未知，很多人，走着走着就迷茫了，不知道为什么而行，从雅安到拉萨 1980 多公里，中途有几次我也想把包一丢，放弃这趟行走。

有一天，在波密的一个兵哨里休息，隐约听到一阵铃铛响的声音由远及近，我以为是放牧人赶着羊群回家了。随后我又听见一阵木板敲击地面的声音，很有节奏，走出去一看，只见两个穿着藏服的小伙子，手上和膝盖上带着木套，他们双手合十高举过顶，头向上仰着，嘴中念念有词，每前进三步便匍匐在地，双手前伸，磕一长头，然后爬起来前进几步再匍匐在地，周而复始，重复着一个动作。

我知道我遇见了朝圣者。

他们后面跟着一辆马车和一辆三轮车，三轮车上坐着几个小孩，车上挂满经幡。经过哨所的关卡时，哨兵大哥上前和他们用藏语聊了几句，检查了一下行李便把他们放行了。

哨兵大哥回来告诉我们："他们是朝圣者，从理塘来，马车上刚有一个藏族老阿尼（老爷爷）在路上去世了，他们拖家带口就为了去拉萨……"

我站在他们身后盯着他们前行的脚步，看着他们每走几步，就伏倒尘埃，虔诚地磕下等身长头。

马车缓缓移动，经幡飞扬在空中，车上的铃铛声有如佛号缓缓传来，那一刻我觉得整个世界都安静了，看着他们执著的背影，一瞬间竟如有重石般撞击胸口，泪水刹那滚落，我不知道他们这样的朝圣之旅要走到何年何月，心中不可名状地触动着。

我突然找到自己坚持走下去的勇气。

二

走完这趟旅程，时隔一年，也就是 2013 年 7 月，我带着 108 位弟弟妹妹从昆明一路徒步搭车进藏，我们风餐露宿，一共走了 45 天。

因为是第一次做这么大的活动，困难重重，可以说是历经九九八十一难，我们才最终走到西藏。

队友的抱怨、朋友的不解、自己的困惑，总之一路上有过各种情绪。我也曾多次想要退缩。那时只期盼着快点到达目的地，早些完成这一次行走，以后再也不折腾这样的鬼活动了。

8 月下旬，我们走到拉萨。

活动结束后，我送队友们上火车。就在把最后一批队友送进拉萨火车站，临上车时一个叫小颖的姑娘跑出来给了我一个信封和一张明信片，我随意瞟了一眼，明信片上画着一个小男生拿着登山杖在戳小女生的肩膀。我笑着问她："哎呀，小颖你还真记仇哪，还怪我那天在布达拉宫拍照的时候，拿登山杖戳你的肩膀啊。"

小颖害羞地说："东哥，信要等我走后你才能打开看哦。"

我以为这和大部分队友送的明信片一样，上面写着一些感谢的话，也没在意，随手把信往包里一放说："没问题。"

在看信的内容之前，我并没有深究活动的意义在哪，我只是想把这些孩子带出来，去完成他们的一个行走梦想，然后再安全的带回去。

看他们都上了车，我席地而坐，望着西藏的蓝天，回想着一路走来的辛酸，突然感觉全身轻松，大呼一口气，心想终于解脱了。

等他们乘坐的火车轰鸣着驶出车站，我起身准备回旅馆大睡一觉。就在起身时，突然想起还有小颖送的信，于是便从包里拿出来，信还没看完，我就已经泪流满面。一个月来的辛酸、委屈和不解在她的字里行间消失得无影无踪。我突然找到自己做这个活动的意义和使命，也找到自己继续把活动做下去的理由。

她在信上是这么写的：

东哥，你知道吗？我们每个孩子在来到这个世界之前，都是天上的一个天使，我们为什么会来到这个世界呢？是因为我们断了一个翅膀，掉到地上。但我们每个孩子心中仍然有着一个飞向蓝天的梦，我今年读大二，回去以后马上就读大三了，我以前在学校里，每天过得浑浑噩噩，根本就不知道读大学是为了什么，甚至从来不敢和别人提及自己的梦想，更没有走出去挑战自己的勇气。

在遇到简爱之前，我就像行尸走肉，每天只是活着，只想尽快结束大学生活，我害怕和人说话，害怕面对这个社会，更没有走出去的勇气。从最初参加活动到遇到大家，我每天坚持训练、坚持跑步、出去商战、受尽白眼，同学都不相信我能做到这件事。但是今天我成功了！

东哥，你知道吗，是你的很多话，一次一次地激励着我鼓励着我给了我重拾生活的信心，让我看到未来的希望，让我走回去之后有了重新面对大学和生活的勇气，我觉得简爱和你就是为我缝起翅膀的人！

如果有一天简爱需要我，不管在哪，不管我有没有能力，我都会出现在你身旁。

三

每一个没去过西藏的人都相信自己有一天会去那里，每一个去过西藏的人都坚信自己还会再回去。我去过西藏七次，五次是因为在爱中行走这个项目。

做这个项目的初衷，我只是想推动一些年轻人的梦想，让他们不至于虚度自己的青春和年华。

是这个小姑娘的信不经意间点化了我，让我知道我做这个项目的意义，我突然在一刹那间找到自己的使命：做一个梦想的推动者和帮助他人缝起翅膀的人。

从 2013 年到 2017 年，在爱中行走项目一共走了九季，每一次项目的发心，都是希望唤醒当下在大学里浑浑噩噩的年轻人，让他们不忘初心，努力成为自己喜欢的样子。四年时间里，我们通过这个活动结识了全国近千所高校数十万的青年朋友，也直接影响了几千个弟弟妹妹走了出去。

　　在这四年的时间里，简爱也从最初模样，慢慢成长为自己喜欢的样子，我们在坎坎坷坷中野蛮生长，在成长中不断磨砺自己，我们一次一次的创造着属于自己的奇迹。从最初报名活动的几百人，到现在的几千人，从最初的几个人行走，到现在的几百人行走，我们通过行走，通过自省，通过付出，通过公益，通过爱，努力回归成自己喜欢的样子。

　　参加活动和组织活动的志愿者都是学生，我们没钱没势没后台没背景，每次活动能顺利完成都是靠前一届参加活动的志愿者参与管理，我们在全国范围内播撒着一种爱的理念，一种从身边开始简单爱，从身边人影响身边人的理念。

　　我们把爱循环着，我帮助你成长，不求回报，只希望你下一次能够帮助另一个需要帮助的人。

　　我们内心的精神，就像奥运会的火炬传递，一棒接过一棒，薪火相传，生生不息。

　　一直以来很多朋友说我有着菩萨一样的慈悲心肠，欲度众生。

　　其实我知道，我只是在度自己，他们的出现只是在帮助我修行，帮助我在人世间行走，做那么一件事让自己内心变得更加澄澈和圆融。

梦想的推动者

从小就是一个喜欢做梦的人，也喜欢那些为梦想坚持的人。

一直有一个浪迹天涯的梦，向往那些天地间自由自在的人，如庄子那样豁达，逍遥人世间，想去哪就去哪，想干什么就干什么。

但是生来，就好像已经注定我和绝大部分人一样得按着父母给我们设定的路去走，努力读书，读完书找个工作，然后找个人结婚过上柴米油盐的生活，最后窝在一个狭小的写字楼里朝九晚五地度过一生。

但我一直心有不甘：难道这就是我的一生？

为何别人生来就含着金钥匙，而我生来就只能每天面朝黄土？为什么别人能浪迹天涯，环游世界，而我就只能上班下班，公司和家两点一线。

曾认为这个世界太不公平，我兢兢业业却默默无闻；有人油嘴滑舌却能迅速上位；有些人一心向善，力行好事，人生却坎坎坷坷，甚至厄运横身；而有些人为恶，投机取巧，人生却顺风顺水。

后来有人说这就是命。我信了，我接受生命的这个无常，我信命，但我不认命。

于是我一直奔跑，试图努力打破命运给自己设定的轨道，挣脱命运给内心上的那道枷锁：你的人生只能这样。

小时候调皮捣蛋，是出了名的坏小子。几乎全村的人都不相信，将来我能读大学。甚至初中的班主任说："你啊，能初中毕业就不错了。"那时候我就有个梦，我一定要读个大学给你们看。

上大学的时候，因为学校很一般，经常被人取笑。有一次在火车上认识一个湖南大学的学生，他问我在什么学校读书，我说了我们学校的名字，他哦了一声，然后说，你们这种学校和我们这种 211 的重点学校那就不同咯，用我的话来讲，你们根本就不入流。

当时年轻气盛，还和他争，大学不都一样吗？出来不都是找工作吗？但心底暗暗告诉自己一定要去他所谓的 211 和 985 看看，看看我们学校究竟和他们有什么区别。

于是大二我就开始四处游学，这一去，两年时间里我去了五个学校走读，到过几十个大学上百个城市游学，到现在我还经常游荡在大学课堂里。

曾经非常羡慕那些在台上挥洒自如的演讲者，记得有一次学校把疯狂英语的李阳请来了，一场讲座听下来，当天我就在床板上写下："我的梦想是要成为一个演讲者，将来我也要站在台上激励年轻人，Action，Action，Action！"结果室友看见了哈哈大笑地说："你连上台说句话都语无伦次，还想站在台上挥洒自如地去激励别人？"

那个晚上我躲在被子里边抹泪边说："我一定行，我一定行！"结果现在真的行了！

记得辞掉第一份工作的时候，老板问我："干得好好的，怎么要辞职？"我说我不想做这么无聊的工作，我想出去走走。老板笑道："哎呀，你们年轻人太天真了，不工作哪来的钱？没钱你们怎么养活自己？"离开的时候，我告诉自己，我可以的。

我们很多人似乎从小就听过这些话：

"等有能力了我们再做这件事。"

"好好工作，别想其他的，挣钱最重要。"

"别瞎折腾，这辈子我们只能这样了。"

"你还想出国，你没病吧！"

"这不可能的，别胡思乱想了！"

"你能养活自己就不错了，你还想帮助他人。"

……

因为自身的成长经历，现在我特别喜欢那些执著梦想的人，尤其是那些怀揣理想在人生的道路上跟理想死磕的年轻人，每次看到，都会尽力帮一把。

2011年，我踏出梦想的第一步，和朋友一起开了个培训班，因为这个缘故，我接触了许许多多的大学生，他们有梦想，但是很迷茫；他们希望改变，但是很少有人会陪伴他们成长。

当时我内心就生出一个愿望，既然像我这样的人都能一次又一次突破自己，一次一次做成一些别人认为不可能的事，为何他们不行？虽然我现在没有能力去帮助他们实现愿望，但是我可以搭建一个成长的平台，去陪伴他们成长，推动他们的梦想啊。

2012年，我从成都徒步去西藏，在徒步的过程中，每天都有人留言说自己的梦想就是去西藏，他们也想出去走走。那时很苦恼，去西藏这么简单的一件事，为何会是梦想？

回来后我被一个协会以"旅行达人"的身份邀请参加一次分

享会，这一天来了 100 多个年轻人，分享的时候他们无比羡慕我的人生经历，很多人表示西藏一直是他们的梦想，但是他们一直不敢行动。

于是我明白，原来最重要的不是有梦想，而是行动，于是我做一个梦想的推动者的这个信念更加坚定。

2013 年 1 月，我踏出了梦想的一大步，我和朋友何亮、杨晨亮、胡申于、李玉立等人成立了一个针对全国在校大学生的心灵公益成长平台，平台的初衷就是为大学生筑梦，孵化和推动年轻人的梦想。

而后又发起了一个叫在爱中行走的项目，项目结合公益、旅行、徒步、商战、生存挑战，旨在以一种行走、自立、内省、公益、发现的方式去号召更多年轻人活在当下、积极乐观、艰苦奋斗、追求自我成长。

在这个平台里我们一次一次的推动年轻人的梦想：

喜欢演讲的年轻人，我们给他提供一个舞台，告诉他怎么去做，给他拥抱和鼓励。

喜欢创业的年轻人，我们给他提供一个平台，帮助他们寻找梦想搭档，嫁接资源。

喜欢主持的年轻人，我们专门请他担任每场活动的主持人。

希望折腾的年轻人，我们让他策划一次活动，只要敢想我们就能做出来。

喜欢旅行的年轻人，我们带他以最原始的方式，去到他最想去的地方。

喜欢公益的年轻人，我们从无到有带他们亲自策划组织一次大型公益活动的全过程。

喜欢唱歌的年轻人，我们给他举办一场音乐会，让他坐在中间，我们席地而坐，拍着节拍，吐着唾沫就开始大声唱起来。

用我好搭档何亮的话来讲，简爱这个大舞台，有梦你就来。

用我好队友郭二狗的话来说，简爱是一种理想，它不是生活。

用我好基友韩坤峰的话来讲，简爱是一个让年轻人梦想照进现实的平台。

而现在"在爱中行走"项目的负责人李帛霖则说，简爱，是一个理想的存在。

四年多的时间里，我们组织了九次大型活动，筹资近百万，资助 200 多个贫困学生，筹建了数十个公益图书室，修了一所希望小学，带出去 5000 多个年轻的孩子去看世界和体验人生，我们以一种超乎寻常的方式，推动着无数年轻人的梦想。

　　这个世界上不缺才华和梦想，也不缺有梦想和有才华的人，缺的只是敢于付出努力和实践梦想的心。

　　虽然在追逐梦想的路上会碰到许多艰难困苦，但我很庆幸自己一直坚持着作为一个梦想的推动者和陪伴者在自己的人生道路上与许多的弟弟妹妹一起同行。

　　如今我也如愿地帮助参加在爱中行走的众多志愿者找到他们的梦想，让他们坚持为自己的梦想而奋斗。

　　今后我也将一直带着我的使命，行走在这个世间。

　　期待筑梦路上，你我能够相伴，若有缘，我们一起同行。

相逢的人总是在告别

一

每年的 1 月、3 月、5 月、8 月份，对我来说都是一场修行。

内心不够坚定之人必会在这几个月里郁闷不已，烦躁不堪，甚至胡言乱语。

为何？你听我说说：

1 月，在爱中行走冬季项目结束，要送别队友。

3 月，从家里返回城市工作，离别父母、亲朋好友。

5 月，毕业季，送别好几百个毕业的弟弟妹妹。

8 月，在爱中行走（夏季）活动结束，又要送别成百上千的队友。

朋友曾戏言，别人送人都是一个一个送，何东是一拨一拨送。别人每年送朋友顶多数十人，何东每年就没得消停。

心想还真是这样。最近的一次送别是今年夏天，队友黑土考上研，要去哈尔滨大学读动物系，导师看他憨厚踏实就提前派他去大兴安岭陪母猩猩。临行那天，我们一群朋友，老六、星星、何亮、凯子、海涛、小胤子，成群结队送别黑土。

黑土走时还不忘取笑我："何老东，你这个大龄学生这是送走第几拨学弟学妹啦，赶紧说声再见。"我哈哈一笑，大骂道："呆子，赶紧给大爷我滚蛋。"计程车呼啸而过，又一好友就此别过。

二

我是一个从来就吝啬说再见的人，行走江湖数年，送别场合不下数百次，送走的人不下数千人，可说再见的次数屈指可数。江湖路远天长，能否再见何日再见，谁能知晓？

我不是不说再见，而是要看对谁说，真正的朋友之间从来无须再见。

再见，一般都是说给那些萍水相逢的陌生人。比如在路上搭车遇见帮助自己的朋友，火车上一见如故相谈甚欢的陌生人，结缘一程，彼此不知来路，不识归处，说声再见是希望真的有缘再见！

我是一个比较任性的人，世人说走就走是旅行，我说走就走是见朋友。天南海北，只要想见，背个包就去了，蹭吃蹭喝，乘兴而去，趁兴而归。因为在我心里，真正的友谊是见与不见，它都在那里，又哪来的再见。

真正的好友从来都是，你来，我去接你，你走，我去送你，拥抱，分别，就像各自回家一样平常。这又不是过去那个车马很慢，书信很远，一生只够爱一人的年代。想见一定会再见的。

现在的人都喜欢说有缘再见，其实我想说，见了本是缘，再见要靠心，有心再见，自然会见。

我是一个惜缘之人，随缘不攀缘，该见的人，该珍惜的人，从来都不会随意。因为我懂得，明天和意外谁都不知道哪个先来，失之交臂，相遇或为永诀。

朋友总会问我，你每次都这么送人，难道不悲伤吗？我都会笑着回答："茫茫人海，相逢即是幸运，而我又能有幸送我朋友一程，有始有终，有因有果，我又有什么可悲伤的呢？"

这个世界根本没有永远，相聚之后从来都是分离，我一直都秉持着一个信念：在一起的时候好好珍惜，离别的时候就顺其自然，相聚的时候彼此好好陪伴，对得起这一场相聚，就了无遗憾。

三

这些年做了无数场活动，每场活动参与者都有成千上万人，这些人从五湖四海相聚，彼此陪伴天涯走一程。太多时候，年轻的我们不知珍惜，往往在活动快结束之时，才发现还没好好相聚，就要各自天涯。

前几天兄弟老六发微信给我："东哥，现在参加工作了，压力大，总会想起我们在路上的时光。好留恋那时候我们100多个人在路上的光阴啊，怀念我们在纳木错那个一起唱歌的晚上，可惜再也回不去了。现在回想起来，就好像做了一场梦。还在梦想路上坚持的你可好？"

我看着他发来的微信，打了很长很长一段话准备回复，想了想又删掉，最后只回了一句话："哥很好，有时间记得回来。"

老六真名叫韩坤峰，大家都叫他六哥，他是我第一季活动的队友，当时我和他是搭档，天天住一个帐篷。他留言中提到的那个唱歌的晚上是指2013年第一季在爱中行走活动，走到最后一站，我们在西藏纳木错的那个晚上。那天我们在湖边生了一堆篝火，一群人裹着睡袋，围坐在纳木错湖边，赏月聊天讲故事唱歌。

韩老六发表感慨说："这一路我们从湖南出发，途经昆明、大理、丽江、虎跳峡、香格里拉、丽江、攀枝花、成都，现在到达拉萨。一路上搭了很多好心人的顺风车，私家车、大货车、小货车、三轮车、拖拉机都搭过、就差马车了；我们在学校食堂扎帐篷，在教室扎帐篷，住过赛马场，住过学生公寓，住过五块钱一晚的宾馆，还住过三室一厅的大房；我们几个人同吃一碗饭，几个人同喝一瓶水，几个人同啃一个苹果。人生能有几回这样的经历啊，当我踩在拉萨的土地上，看到布达拉宫的时候，我才知道梦想照进了现实。时间一晃而过，明天就要离开了，我真的很舍不得大家……"

说着说着他就哽咽了，本来好好聊着天的几十个人，突然鸦雀无声。男儿有泪不轻弹，只是未到伤心处。

人生啊，离别时最伤感。

山风凛冽，寒风刺骨，空气中弥漫着离别的忧伤。大家都低头沉默着，这时队友志强从袋子里掏出一瓶红星二锅头说："天下没有不散的宴席，离别是为了更好的再见，该相逢的人会再相逢，来，大家喝酒。"

于是一瓶500毫升的二锅头，不分男女，你一口我一口地喝了起来。喝着喝着大家就开始唱歌，从刘欢的《在路上》唱到《好汉歌》，从《好汉歌》唱到《上海滩》，从《上海滩》唱到《朋友》再到《兄弟》，一首接一首。

喝了点酒，微醺，吹着寒风，又正值离别之际，真情最为流露，唱着唱着大家就开始哭起来。

老六见状，指着大家说："哭什么哭，都给我记好啦，明天谁也别给我说再见，都这么大个人了，谁不是在离别中长大啊，一次离别就要死要活，哭哭啼啼，怎么像一个简爱人呢？你们的坚强和骨气哪去了。明天离别时，大家就唱歌，记住了啊，现在我来起头，大家一起唱：就在启程的时刻，让我为你唱首歌，不知以后你能否再见到我，就在相遇的时刻，让我为你唱首歌，就像我们从未离别过……"

歌声此起彼伏，就这样，我们永远记住了这个晚上。

从此，在简爱里有了一个传统，每次送别，我们都不说再见，只唱歌。

人生无常，聚散有时，我很庆幸，未到而立之年，就发起了这样一个活动，每年都因这个活动和许多人相逢，我们相聚，同行一程，然后分离，各自天涯。

人生何处不离别，只要用心珍惜了，一切都会是最好的结果。

在相遇的时候珍惜，在别离的时候祝福，在想念的时候回忆；在相聚时彼此拥抱，该分手时分手，该重逢时重逢。是戏终落幕，是聚终散场，爱恨随缘，得失一笑，就是最好的安排。

行走与人生

2017 年 5 月，我和在爱中行走项目负责人彭延富出门踩点，记得有一天从四川色达搭车去稻城亚丁，等了很久，都没有车停下来。

就是在那天，我碰上了那一路上对我影响最大的一个人，从成都到稻城出差的刚叔。

临近中午的时候，一辆挂着川 A 车牌的越野车才出现在我们视线里，并在我们前方 20 米处停了下来，谁知这一停，在我整个路上和生命中都留下了浓墨重彩的一笔。

那天车刚停下，我和延富背起包准备飞奔过去，这时车上下来一位中年大叔，微笑着对我们说，"小伙子，不要急，慢慢来，车在这里，不会走。"声音中透着关心、平和，让人觉得有一种说不出的安心。

上车后，他拿出几瓶水递给我们说："孩子，别急，喝口水，先休息下，透口气再走。"

刚叔很健谈，听我简单介绍完我们的活动后，夸我们说："很好，年轻人就应该这样多走走。但要注意安全，慢慢来，用心感受，有机会让我儿子也跟着你们去锻炼锻炼，但一定要时刻注意安全，活着才是最大的不辜负。"

一路上我们畅谈着，从他儿子聊到我们的活动，从我们的活动聊到国家教育，从国家教育聊到国家大事，从国家大事聊到人生的悲欢离合，一路相谈甚欢。

在炉霍休息的时候，刚叔请我们吃午饭，席间问了我一个问题：

小伙子，你人很不错，见过一些世面，你说你用双脚走遍了全国各地，将来你还有很长的路要走，刚叔我今天考考你，打个比方，前面你说你要去稻城亚丁，假如现在你到了稻城，你要徒步去亚丁景区，那我问你，这时候你遇到了两个人，一个刚刚从景区回来，另一个是刚好也要去景区，如果你要问路，你会问谁？

我寻思了一下说："两个都要问一下。"

"要是只能问一个呢？"

我寻思了好一会儿说："问那个要去的。"

刚叔和气的笑笑说："为啥？"

"问那个回来的，他肯定会说，你自己不是要去嘛，沿着这走不久就到了，而且问了他前路风景都剧透了，就没啥惊喜了，而问那个去的呢，同一个方向，还可以结个伴，一路聊聊天啥的，相互也有个照应。"

刚叔像想起了些什么，喝了口酒，笑笑继续问道："假如啊，我说假如你的同伴在路上，不小心掉下山崖怎么办？"

没想到他会这么问，我心一紧张，心想怎么会呢。随口说道："不可能的。"

"我说的是假如。"

我一想，看看和我一起搭车的小伙伴，想着如果我们真去亚丁徒步，他真掉下悬崖我该怎么办？顿时伤感起来，好像事情真的发生了一样。然后说道："那我肯定会报警，把他找着。"

"那你还要走下去吗？"

"可能不会走了。"

这年头每年都有很多爬雪山出事的人，为什么，就是因为仗着年轻仗着有经验，不听老师傅劝，走着走着大意了，结果就出事了。

记住下回出去问路的时候，一定要问那个从山上回来的人，因为他有经验，他摸清了这条路的脾气，能告诉你哪里是崖，哪里是谷，哪里得小心，一路上要注意什么。而且一定不能大意，不能放松，每一步都要做好准备，每一步都要踩得踏踏实实。

你们知道吗？溺水而亡的大部分是什么人？几乎都是那些会水的。仗着自己会水，以为自己能把整条河吃下，然后就使劲折腾，哪里都敢去，越凶险越冒险，结果就出事。

你以为风平浪静就安全？平静的水面下，也许就藏着漩涡和激流，你再勇猛，在水里一抽筋整个人就没了。你以为自己经验多就可以无所畏惧？对大意的人来说，经验是最容易害人的。

那天我安静地听着他叙说故事，我知道他是在用自己的人生经验和我讲道理，我频频点头，认真的一句一句听进心里。

到了目的地，分别时，刚叔意味深长地对我们说："人生路长，孩子，你们在路上，要注意安全，很多事慢慢来，不要急，在路上要多多思考，好好感受这一路上的风风雨雨，才对得起你们这一路风餐露宿。切记安全是头等大事，活着才是最大的希望，保重！"

后来一路上我总是提醒自己，要调整好心态，凡事不能急，做任何事一定不能大意，深思熟虑而行。

人生也是如此，在前行的道路上，要保持良好的心态。每一步都要做好准备，每一步都要踩得踏踏实实，多向优秀的人学习，多吸取经验，多用心，人生的路才会走得长久。

一个神奇的地方

一

这是写给简爱所有人的一封情书。

在爱中行走活动结束后，简爱新闻编辑部的小伙伴打来电话说："东哥，你那么能说，新一季活动马上就开始了，你能不能写一篇你对简爱或者在爱中行走的文章，让全国的弟弟妹妹了解了解简爱在你心中是一个什么样的地方，对于简爱，只有你最了解，也最懂它的本质和成立缘由。"

我想了许久，一直迟迟没有起笔。让我写简爱，就等于让我做自我介绍，写出来的只是我内心的简爱，再说又有点打广告吹嘘的嫌疑，所以就一直没有动笔。

后来他们催了再催，还开玩笑说"我懒得像头猪"。我实在推脱不了就动笔了。

在动手敲字前，一直就在想，该怎么写呢？按一般逻辑？介绍简爱的发起、缘由，以及历史，然后吹点牛啥的？想了半天，不能这么写，这么一写就像王婆卖瓜，自卖自夸。所以这篇文章不写简爱的发起、缘由和历史，只说说简爱在我心中是一个什么样的地方，于是有了这个题目：一个神奇的地方。

既然说简爱是一个神奇的地方，那就写写简爱在我心中的神奇之处。说简爱神奇，其实它真的一点都不神奇，它就像它的名字一样很普通也很简单。之所以说神奇，是因为这里面有着一群神奇的人，做着一些被如今的年轻人称为神奇的事。

二

这群神奇之人，因为共同的梦想相聚，他们在路上做着一些事，商战、化缘、做公益、自己挣钱，以天为被，以地为床。

神奇不神奇？

我们再一起来看看这些神奇的人。

众所周知，大部分男生的特点是：懒惰、好面子、爱玩游戏、含蓄，不喜欢表达自己的情感，也不爱说肉麻的话，在大部分女生眼里，一个男生如果没责任、没担当、不勇敢、无节操、害羞、邋遢的话简直没救了。

而简爱的男生在女生眼里是这样的：他们无节操，参加活动的时候这些男生随时可以抢女生吃过的东西吃；对女队友给自己喂个食物习以为常；可以在女队友面前打赤脚光膀子；还可以和她们勾肩搭背还装作理所当然。所以简爱的男生绝对是厚脸皮不要面子的绝佳形象。他们肉麻，在一起行走的时候，就喜欢说一些肉麻的话。比如，"遇上你们是我最大的幸福"或者"有我在，别怕"，等等。而到活动结束回家后，每个男生都会在社交网络刷屏："谢谢你们陪我走过这些日子，我爱你们！""我想你们了，多想和你们在一起""我会牢牢记住你的脸，我会珍惜你给的思念"……

总之能有多肉麻就有多肉麻。而且他们还爱撒娇，对女生撒娇，比如："小毛毛，我想你了""走嘛，陪我去看看海嘛""你们为什么每次都欺负我"，等等。

他们还坦诚，简爱里每个组每天会聚集在一起相互聊天，有时会相互把自己最糗的事说出来，有时还会把自己心里隐藏许久一直憋着的话说出来，比如：曾被哪个女生拒绝、暗恋了某个女生很久、喜欢队里的某某、被哪个王八蛋伤害、有什么奇怪的癖好等。

在简爱里还有一个习惯，就是在最后一天分别时，各小组会围成一个圈，进行批斗大会，这一刻，大家相互指出对方身上的缺点和毛病，相互批评，又相互鼓励。由此，简爱的男生也绝对是最善于自我反省的。

Be a man：我觉得这应该是女生最喜欢男生的样子，就是像一个男人，有责任心，有担当。每次活动魔鬼训练的时候，都需要在天还没亮的时候就到操场集合跑步，天气又冷，简爱男生就自发跑到女生楼下等她们，陪伴他们走那段黑路。第一次听到这个的时候觉得特别神奇，心里充满感动，因为简爱男生除了像个男人一样顶天立地外，还学会保护女生了。不管是徒步、搭车抑或自由活动的时候，男生几乎与女生形影不离，女生的背包、提包、手包、挎包所有的包，大部分时间都在男生身上。每次户外露营搭帐篷时，女生们总能听到一句话："大家注意啦，等下搭帐篷，男生帐篷搭在外面，女生帐篷搭在里面。"

除了上面这些，简爱的男生在女生眼里还有什么样子？

　　接下来那就是勇敢，简爱的男生商战敢出头，敢于将梦想说出口，更勇敢的是敢于表白，而且时常做出浪漫之举。

　　曾有个小伙子把喜欢某某的横幅带在身上，一路拍照拍到西藏；还有一个小伙子到达每个地方都会录一个视频告诉女朋友，今天我到了西藏，我想你；在海南的时候，几个小伙子在天涯海角弹琴表白，在天涯海角点爱心蜡烛表白，在天涯海角策划浪漫邂逅的活动层出不穷。

　　他们还肯付出，尤其记得有一次和一个小组一起吃饭，外面的饭菜大家都懂，很贵。点菜的时候，一个男生拿起菜单就问："东哥，想吃什么？"我说随便点，他就开始嘴里念念有词看着菜单说："来个土豆丝，小强喜欢吃；老板点个茄子豆角，阿姨喜欢吃。"当时我就震惊了，他们竟然知道队友最爱的菜；还有一次，在西藏的时候，大家一起吃饭，米饭要三块钱一碗，大家每个人都默默的只点一碗饭，然后多点了两碗，一碗留给饭量最大的一个队友，另一碗，其他人一起分着吃。我又被震撼住了。这算相亲相爱相包容相体贴么？

太多太多的神奇了，根本写不完。

总之，简爱神奇之处在于：它能让一个男生，在短短的几十天里把温柔当成一种习惯。尤其是男生最不容易说出的话，最不好意思做的事，会在这活动的十几二十天做到淋漓尽致。

三

说完神奇的男生，来说说简爱里神奇的女生：

众所周知，女生给人的感觉是爱干净，极爱干净；爱打扮，极爱打扮；爱穿得花枝招展，恨不得把彩虹穿在身上；然后温柔贤惠、小鸟依人、爱幻想、爱浪漫……

"在没参加简爱之前，我是个很有洁癖的人，别人睡过的地方我根本不会睡，更不要说吃别人吃了一口的东西和喝别人喝过一口的水了。"一个女生这样说。

简爱的女生历来比简爱的男生多，她们是简爱的半边天，她们不迟到不早退、跑步、商战、吃苦精神、当家做主、唱歌、跳舞、有毅力、勤劳，这些方面都比男生厉害。

如果我说她们给男生们的第一印象是女汉子，我相信我们简爱里所有男生都会举双手赞同。

为啥？从魔鬼训练的时候就能看出，用一句话形容：不是所有能跑步的女生，都叫女汉子，关键是你能每天跑八千米而且还能倒地就睡。

除了这个还有什么能表示她们像女汉子？

那就是在路上，她们一路睡帐篷，跑很远的地方上厕所，好几天不洗澡不洗脸不洗头也不抱怨；活动的时候每天早上顶着乱糟糟蓬松的头发，穿着睡衣拖鞋就跑到男生的帐篷前大声喝道"XX，赶紧起床了，要集合了"抑或"还不起床，迟到了你就完了"，等等。

除了女汉子，简爱的女生还有什么特点？我们再看看。

她们勇敢和坚强：简爱的姑娘在路上和男生做着一样的事情，住帐篷、徒步搭车、摆地摊、商战，等等，她们每每都表现得很勇敢，每次都力争比男生做得好，遇到拒绝和打击能不断进

行自我激励，她们的大大咧咧和坚强总是让队里的男生寻思：为什么不女生点呢？一个女孩子那么逞强干什么？她们越不肯像个女生一样小鸟依人，越用外在的东西武装自己，就越让男生心生怜惜之感，恨不得把每个女生关心着保护着，以凸显他们树立的男人形象。

每次听到女生在我面前自称女汉子，我就害羞，无地自容的那种。因为一个女生在男生面前称自己为女汉子，潜台词是什么？是你们男生没我勇敢，让我没有安全感，你们保护不了我们女生，我们只能做个女汉子，这样才能让自己保护自己，只有这样才能让自己觉得有安全感。

悄悄透露，一般说自己是女汉子的姑娘，都是没男朋友的哦。（嘘，千万别说是我说的。）

她们有毅力：记得第六季活动从三亚徒步到天涯海角的时候，瘦瘦的女生们背着一个比自己还大的包，走得比男生还快。很多男生要帮她们背包，她们也不愿意，最后凭顽强的毅力走到了天涯海角。

记得我问一个一直不愿意把背包放下的姑娘，你为什么这么坚强？

她笑笑回答：记得你曾在启动仪式上说，人生路上，很多时候该背的包袱认认真真背好了，等到放下的时候，很多东西就真的放下了，浮躁、犹豫、抱怨、埋怨、不坚定都会放下。于是我记住了这话，我要认真地对待这次行走，好好地走下去。

是哦，能好好地拿起来，才能好好放下。

简爱的姑娘除了上面的这些还有哪些神奇之处？

她们肯付出，一男生分享的时候说："没参加简爱之前，即使我有女朋友，但从来都没有女生喊过我起床，而且一早上最

多的时候，打了18个电话，如果没有她们，我想这次活动我就坚持不下来了。"我们听完，都哄堂大笑说，谁啊？在一起，在一起……

是啊，谁啊，你我皆萍水相逢，转身后大多都会成为过客，为何会为对方付出那么多？

<h1 style="text-align:center">四</h1>

写给我所有的弟弟妹妹：

从2013年初简爱成立到2018年，五年时间，简爱走过了十季活动，据统计部的小伙伴说我们简爱大家庭目前已经有 5000 多个弟弟妹妹了。每次活动结束后，我看到大家说得最多的一句话就是："回想在路上的岁月，好像做了一场梦一样。"

是啊，谢谢你们陪我做了一场梦，谢谢你们来到我的梦里，也谢谢你们毫无保留地用最美的青春年华走进简爱陪我长大，让我陪伴你们成长。

在路上，你们喊我哥，我们走了一路，你们喊了一路，我也听了一路，说实话，我是愧对这声哥的，因为人太多的缘故，到现在很多弟弟妹妹的样子我都记不起来了。

我们每次聊天，你们总会说谢谢我把你们带着走出来，其实我心里清楚，不是我带着你们走出来，而是你们陪着我，走了出来，陪着我山一程水一程地在这个世间修行。

每次活动，我都应该对你们说声谢谢，不为路上的同甘共苦，不为路上的携手同行，只为你们用你们最宝贵的青春，陪着我这么一个永远长不大的孩子，在路上肆无忌惮地折腾，走过南闯过北，看过大海，趟过沙漠，翻过大山，走过草原。

谢谢你们的出现，让我还有做梦的勇气，也让我能坚持不偏不倚得做自己。是你们让我坚持构建着这样一个理想国，是你们让我不至于老得那么快，是你们让我永远年轻，永远热泪盈眶。

每次活动开始，刚刚相聚的时候，以为时光甚够，来日方长，可每次还没等相处够，转眼就要各自天涯。

人生本是如此，在这聚聚散散分分合合的人世里我们之间相隔何止三千弱水亿万众生，你们与我，我与你们，能见一面，实属不易，而你们又恰巧出现在我的生命里，因缘会际，慈悲喜舍地助我修行一场。

谢谢我的弟弟妹妹，谢谢你们，愿这声谢谢还来得及。

每个人的生命中总有那么一个地方，能够让自己的灵魂栖居，这个地方不喧闹不繁华也不在远处，它就像我们内心修建的一个国度，在这里面住着我们自己理想的样子，过着自己想要的生活。

　　多出去看看，看到了，自然知道自己喜欢什么，多出去走走，走多了，自然知道自己要去往哪里，不要那么孤独，不要总是把自己封闭在自我当中，多去走走，我们才会知道，自己究竟想要什么。

　　来简爱吧，和我们一起用心张开怀抱，拥抱青春和青春里的故事，大胆地向前走，去找到那些和你同类的人，然后一起去做一些从来没有想过，从来也不相信自己能去做的事。

再不折腾就老了

一

像往常一样浏览志愿者的空间，看志愿者路上的情况。突然看到一个志愿者发的一条说说：

"我觉得我一辈子里最幸运的事，也不过就是十八岁的时候和简爱走过从西安到敦煌这 12000 公里，得到了一个可以给我孙子慢慢讲上一辈子的故事。"

这傻孩子太兴奋，说是一辈子，他才多大啊，距离也写错了。西安到敦煌哪有那么远，总共才 1800 多公里。于是回复这个孩子，纠正了距离。

在我写这篇文章的时候，此时的这个孩子，正在和 254 个志愿者参加第五季在爱中行走，一起跋涉在茫茫戈壁和西北的无人区里。

第五季活动没有选择走了多次的云南、西藏，而是转战到大西北，重走丝绸之路。从陕西西安出发，经过咸阳、宝鸡、兰州、东乡、武威、张掖、酒泉、嘉峪关，一直走到敦煌。

为什么参加这么一次活动会这么兴奋呢？

因为够折腾啊。不信？那我问问你。

你和 200 多个人一起搭过车吗？

你和 200 多个人一起徒过步吗？

你和 200 多个人一起摆过地摊商战吗？

你和 200 多个人一起去大山里公益过吗？

你和 200 多个人一起背着包在世间流浪过吗？

你和 200 多个人一起跑遍一座叫西安的城吗？

你和 200 多个人一起爬沙漠蹚过党河徒步过戈壁吗？

你和 200 多个人一起睡过大街、睡过公园、睡过桥洞吗？

你和 200 多人，一起吃馍面，一起哭，一起笑，一起唱歌，一起围着篝火跳舞过吗？

我们折腾着别人一辈子都不敢折腾的事，我们做着别人想都不敢想的事。

二

我读大学的时候就没有安分过，别人是无处安放的青春，我是青春随处可歇。

喜欢一个姑娘，坚持了四年，这不奇怪，奇怪的是，四年里我居然没变坏，也没谈恋爱。

大学走着走着就走过五六个学校，现在还浪迹在大学的课堂里。每次去一个大学介绍自己时，都会说，大家好，我是何东，今年大六，明年大七，后年大……要一直大下去，永远不毕业。

大学里做过最多的兼职，一个学期，每天连续做四份，同学看到我就叫"拼命三郎"和"兼职小王子"。

曾向一个女孩表白，说给她幸福，就是要和她在一起，说能为她上刀山下火海，结果女孩子说，你们男生就知道油腔滑调，你给我跳个湖……还没等她说完，我"嘭"的一声就跳下去了，在湖里对着吓得惊慌失措的女孩问，现在相信我了吗？

在学校的一个QQ群里，一个姑娘在群里问，谁能现在给我送一碗燕麦牛奶粥，我就嫁给谁，然后留下了宿舍号码。

我那天心情好，屁颠屁颠的就去买了一碗，然后仗着和宿管阿姨熟悉，拿着粥去女孩子的宿舍敲门，门打开，我提着粥问："我把嫁妆带来了，你愿意嫁给我吗？"

半夜跑到深圳，拿起电话，打给哥们："我在你家门口，赶紧出来陪大爷我喝酒？"朋友迷迷糊糊地说了句："我靠。"然后我们喝了一通宵。

思念很浓的时候，我买了张票，回到高中读书的地方，坐了坐，看了看，然后重新买了一张票回到原来的城市。

大学里夏天太热，经常跑到图书馆看书，看着看着就躺在地上睡觉，一睡一下午。印象最深的一次，在图书馆里睡到半夜，醒来还以为做梦，等发现大门被锁了才知道被关在图书馆了。

……

这都是我读大学时候，在青春里给自己留下的痕迹，青春的你不知是否和我一样，每天像个长不大的孩子一样活着，许自己一段时光，做想做的自己。

没有诗歌，怎么去远方呢？

没有梦想，怎么疯狂呢？

没有回忆，怎么祭奠青春呢？

没有烈酒，怎么讲故事呢？

没去流浪，怎么以梦为马？

没有爱过，怎么失恋呢？

没有分手，怎么悲伤呢？

没有付出，怎么幸福呢？

没有远方，怎么回家呢？

没有折腾，怎么就舍得老呢？

一个人最远的行走，不是走到南极或者北极，而是走出自己内心的执念，去开眼看世界。

一个人最大的疯狂，不是做出什么惊天动地的事，而是在人生中要选择的时候，遵循自己的内心。

一个人最好的生活，不是平平淡淡或者轰轰烈烈，而是在你想去做什么的时候，有人陪你。

这个世界上所有的一切都等着我们折腾，真的，再不疯狂就真的老了。

第五章

过得刚好

世间风景万千，愿我们每个人都能漫不经心地走下去，无论在哪，都有归属，无论何方，皆可心安。

幸福，不止一处

你现在过得幸福吗？朋友问我。

我说："每天开开心心，知道自己要什么，家里父母兄弟健康，做着自己喜欢的事，每天还有喜欢的人陪着，你说我幸不幸福？"

可你每天上班挤公交，每个月工资刚好养活自己，吃饭去不了高档酒店，给女朋友买不了 LV 包，住在租的房子里，偶尔才能买一套衣服，这样的生活幸福吗？

他笑着问我。

"我每天还能坐公交，偌多的人只能走路；我还有份工作，我同学还在找工作；我每天还能吃饱，街边的流浪者每天饿肚子；我每天下班还能回家，无家可归的人只能住桥洞；我还有衣服遮体御寒，偌多赤身裸体的人只能在寒风中瑟瑟发抖；我给女朋友买不了 LV 包，但我在街边随便买串她喜欢的麻辣烫，她就会乐开花。"

……

从小到大，父母老师都告诉我们，你只有成功才能幸福地生活。成功的标准好像永远只有一个，你要有一份让人羡慕的工作，挣很多很多的钱。

社会上也不断有人告诉我们，衡量一个人幸福不幸福的标准就是你这一辈子有多少名望和金钱。

大学毕业后，每次回家，看见街坊邻居都极为害羞。

因为他们现在打招呼的方式再也不是当初那样："哟，放假回来啦。"而是换成"现在在哪工作啊，当大老板了吧，一个月起码上万了吧"。

有时候邻居来家里和父母寒暄时，话题也是变成隔壁家老王的闺女初中毕业现在一个月七八千，你们是大学生应该每个月更多吧。

很多时候，金钱似乎成为衡量一个人是否优秀是否过得幸福的唯一标准。

可是有钱就一定能幸福吗？幸福的出口就只有金钱吗？我们幸福是为了钱吗？一直以来我都在努力寻找答案，即使找到一个答案，又被下一个问题给难住。

我同学有个叔叔，年轻时因为家里穷，父母省吃俭用供他上大学，大学毕业就直接南下经商，十几年未曾回家看过自己的父母，只是偶尔打电话，电话里永远一句话，我要挣够钱光宗耀祖才回家看父母。后来做生意发财了，回家给父母修了他们村里最高最漂亮的房子，可父母从来就没有进去住过，他叔叔倍加痛苦。

后来慢慢懂得，很多时候其实我们是为了满足，不断地满足自己的欲望。欲望达不到时，就会痛苦。

和大学一些同学在网上聊天，聊着聊着就没有了话题，因为聊天的话题再也不是大学那会儿什么书好看，哪个姑娘长得漂亮，放假去哪里喝酒，而是变成在哪工作啊，一个月拿多少钱？

什么时候跟你混啊之类的。

大学毕业后，我和朋友在学校开了一家小店，每次家里的长辈听了都会笑话我，堂堂大学生不出去创一番事业，开个普通人都能开的店子，还读大学做什么？

这个世界上最可怕的莫过于一个人幸福的出口太过单一，这本来是一个多元的世界，每个人都可以各司其职，每个人做的事情都有意义，每个人都能过着自己想要的生活，每个人都从事自己喜欢的工作，才是一个健全社会发展的命脉。

可如今呢？读书不是为了读圣贤书，而是为了读功利，什么专业挣钱就读什么专业。读书以挣钱为业。一个人若不为挣钱奔波忙活，在世俗的眼光里他就是没出息。

工作再也不是以创造价值和实现人生意义为目的，而只是为了利益最大化，我们都喜欢按着世俗的标准去工作，当老师、当医生、当公务员……

我们大部分人从小就被教育成单一的人，每个人都按着固定的模式生活着，父亲为儿子规定生活的样子，等儿子成了老子，又开始为自己的孩子规定同样模式的人生。

我们生下来就注定要读书，要上学，要考试，要拿名次，要工作，要升职，要成家，要买车，买房，要养孩子，然后为孩子的学习、考试、工作、结婚担心。

好像每个人都在被一只无形的手操控着，你必须这样活，你才能幸福，你必须比所有人优秀，你的人生才算成功。

好像每件事都有个标准答案，学生考试必须拿第一才算聪明，工作必须升职，必须做领导才能说明你成功，结婚必须有车有房才能幸福，生下的孩子必须从小开始学习，才能不输在起跑线上。

而社会衡量一个人是否优秀的唯一标准，不是一个人是否过得幸福，而是这个人是否比别人成功，是否比别人挣的钱多。

我始终觉得这是一个多元的世界，每一种人生和每一种生活方式都有它存在的价值，幸福和成功的方式多种多样，每一种都不应该被轻视，世界上最愚蠢的事情，莫过于把成功的标志执著于一件事情和生活上，而忽视了生活的多姿多彩万千变化。

太阳从东边出来，西边落下，鸟在空中翱翔，鱼在水里自由穿梭，西瓜长成西瓜的样子，黄瓜是黄瓜的样子，香蕉是香蕉的味道，十个指头各有长短，五脏六腑各司其职，每件事情都有自己的意义，每个人都能发挥自己的特质，活出自己的价值，才符合自然大道。

但行好事，莫问前程

一

记得读小学的时候，我和村里的一帮小伙伴挤在村口破旧的民房上学，学校有三个年级，三个年级共两个教室，我们轮流上课，老师只是村里一个初中毕业的叔叔。

那时候没作业本，也没计算器，连算盘都是奢侈品，每次上数学课之前，老师都会要求我们自备一些木头小杆子，等到上数学课时老师说九加七，我们就数九根小杆子和七根小杆子放在一起，然后数一遍，得出总数，就是答案了。

有一天上着课，学校的操场来了一辆面包车，车上下来一群陌生人，和我们在教室里玩了会游戏，就从车上把一箱子一箱子的东西搬进老师的办公室。

等他们走后，学校就有了几百册书籍，老师还给我们每个人发了一个文具盒和几本作业本。

记得发课本时，我兴冲冲地站起来问："老师，那些人都是来干什么的啊？"老师回答说："他们是城里来的志愿者，是来做公益的，你们以后要向他们学习。"

这是我人生中第一次接触志愿者和公益这两个名词。

此后我的童年伴随着这几百本中外图书长大。

在他们来我们村之前，我从来都没有看过课外书，更不知道外面的世界里有电脑、有童话故事、有白雪公主、有爱迪生、有比尔盖茨和松下幸之助……

这些人的到来没有改变我们这个落后山村的教学情况，但他们给了我们一个接触外面更广阔世界的机会，也给一个孩子的内心，播下了一颗善的种子。

日后友人问我为什么能一直坚持做公益，我想这应该算是一个答案。

二

2005 年，我在县城读高中，有一次学校组织我们全班去敬老院，我穿着一件印有志愿者三个字的小马甲在敬老院搞卫生、洗被子、陪老人聊天。这是我第一次参加这样的活动，当时很兴奋。

从这次活动被一群爷爷奶奶称为志愿者开始，到 2015 年，十年的时间，我怀着一颗初心，懵懵懂懂地走到现在，有了自己的公益理念和公益组织。

这十年时间，我谈不上做了多少公益，帮助了多少人，但我自始至终都在努力做一件事，就是播撒一颗善的种子，不期待立马开花结果，只待因缘和合之时，能有那么一颗种子，落地开花在别处。

十年时间里从懵懂无知到逐渐成熟，接触公益这么多年，什么样的人和事我都有见过。

我曾亲身经历过有志愿者从募捐箱里拿钱大吃大喝，吃完还一脸自豪地说这是"公费报销"；也曾见过公益人士做公益只是为了达到自己的商业目的，完全不顾及被资助对象的尊严；更见过公益组织的负责人打着慈善的幌子大吃大喝和泡妞。

我是幸运的，虽然一路走来，被很多人质疑过，但我仍然坚持做着自己喜欢的事，开心并快乐着，不管是被骗还是被误解。自始至终我一直都没认为我是在做公益，我是一个志愿者，我是一个好人。

我始终认为我现在的所作所为都是在保持着一个人的底线和良心的前提下，尽可能去做一些让自己快乐的事。

三

这个世界上有几类人，唯恐天下不乱，键盘侠、口水君、圣母团。他们整天无所事事，自动化身为网络"正义军"和"道德裁判官"，围着微博、微信、空间各处巡逻。

一遇到你做点好事，键盘侠就开始评论："你们去敬老院就是去给老人添麻烦的。""你们去山区能做什么，有什么意义呢？""怎么看都不像在做公益啊，山区怎么会修新房子呢？""这个孩子一点都不像贫困生啊，指不定被骗了吧。"

一遇到天灾人祸，圣母团就开始行动了，边打麻将边在朋友圈刷各种加油，什么雅安加油，玉树加油，天津加油……

有时她们边在饭店欺负服务员边发微博说："哎呀，这些网上欺负人的就该抓去坐牢，好伤心啊！"有时她们也会一边祈福某某，一边围着没发祈福之类的各种微博大V明星评论大骂说，你们怎么不祈福啊，你们怎么这么没人性，你们还是中国人吗？

一遇到公众人物出事，口水君就开始行动了，在各种名人微博下大骂，我看错人了，白喜欢你这么久，某某不对，赶紧去道歉；然后一脸幸灾乐祸地问："XX出轨你怎么看，某某吸毒你怎么看，某某是同性恋你怎么看？"很多时候一听到这些，我恨不得指着他们大骂："都听你们瞎叫唤，还怎么看人家。"

因为听得多了，慢慢地懂得了一个道理，同样的教育水平，不能把每个人的文化素养和道德底线培养成一样，同样的白米饭也不会把人的良知养成一样，同样的一件事在不同的人看来会有不同的答案，所以要尊重生命中的这些无常。

在这个世界上，即使你真心想做点好事，依然会有人说你动机不纯，哪怕你送钱给人家，依然还有人说你居心不良，哪怕你都已经倒贴了，依然还是会有人说你唯利是图，哪怕你掏心掏肺了，依然还有人说你虚与委蛇。

所以不管怎么做，都会有人对我们的行为指指点点。

但不管怎样，很多微小的善意，我们仍然还是要去做，有意义吗？有的，指不定小小的一个举动就能改变人的一生。

谁又说得定呢？

四

前几天和朋友出去逛街，在火车站附近偶遇三个自称驴友的人坐在路边乞讨，说来这里转车，结果一下火车盘缠就被人偷了，现在需要募集几百元回家的路费。

看他们年纪轻轻，地上放着背包和登山杖，头上还带着头巾，我也就没多想，和他们聊了会儿，掏出 400 块钱给了他们。

掏完一阵肉疼，这可是我半个月的私房钱。

掏钱时，朋友扯了扯我的衣角在耳边悄悄说："可能是骗子，要小心。"我没在意朋友的提醒，自顾自地就把钱掏了，同是天涯沦落人，我自己也是"驴友"，每年做的一个公益项目都还和"驴友"有关，经常在路上被人帮助，所以遇见这些事，难免会毫不犹豫地帮忙。

给完钱后，几个小伙子一边感谢一边说要合影留微信啥的，秉持我一贯江湖侠气原则，我挥了挥手就走了。

本以为这件事过去就过去了，我也没在意，不料几天后，朋友兴冲冲地拿着手机跑过来指着上面的一条"小伙子假装驴友乞讨"的新闻，一脸兴奋的对我说："东哥，看，快看，让你那天不听我的，现在傻了吧，那天故意拉了你一下你还不听，你看今天有人在车站门口又看见他们在乞讨，被记者揭穿了说是骗人的，你说你冤不冤？ 400 块钱给我还好些，起码我还能请你吃顿饭。"

我看着他一脸幸灾乐祸的样子，有那么几秒钟，我心一怔，五味杂陈，过了几秒钟我又继续干自己的事，没搭理他。

朋友见我没反应，又继续说："你不看下吗？"

我："谢谢你，没事，不用看。"

朋友："真没事？"

我："真没事，常在河边走，偶尔湿一回鞋又有多大的事。"

这个社会就是这样，有时候你做一件事，结果并不能顺心如意，反而还会让自己难受和添堵。

可很多事情不管结果如何，在事情没发生之前碰上了就必须去做，没有什么理由，谁叫恰恰你遇见了呢。就像有时候，在路上碰见乞讨的小孩子，明明知道也许递给小孩子的钱最终落不到他身上，但是依然还是给了，因为不给的话，也许小孩子一天就会饿肚子甚至还会被人打骂。

怀一颗善心，在当时那一刻做自己觉得应该做的事，遵从自己的内心，纠结、计较、后悔只会让人更加痛苦。

五

2017 年 6 月，我去武汉玩，一出火车站，就有一个小女生拦住了我，说她来这里等朋友，结果手机没电了，需要急着打电话联系上朋友。她说问了几个人都不肯借给她，所以想求我帮帮忙，说完还拿出一张刚刚下车的火车票给我看。

见她着急的模样，二话不说，我就把手机给了她。

虽然新闻里多次报道过被骗手机的消息，我最好的一个朋友也曾因为这样丢了一个苹果手机。但因为我性格豪爽的缘故，选择了信任也就相信下去，怕她觉得尴尬，我就转过身去，没有盯着她。

过了一会儿，待我回头时，茫茫人海早已寻不见她的身影。

我心一阵失落，这可是我新买的手机啊。

在广场上找了几圈也没看见她，边找还边问路人："××您好，能借个手机给我打个电话吗，我手机刚刚被骗了。"问了几个人，根本没人理我，最后我只能请求说："××您好，能帮我打个电话吗？就拨一下就好，我手机刚刚被一个人偷走了，您就给我拨一下电话就好。"

最后一个大哥看我着急，就把电话给了我，我拨打自己的号码，一个甜美的声音传来："您好，您所拨打的电话已关机，如需短信提醒……"

事后被朋友取笑说我傻，不爱防人，太过善良……

每次遇见被骗的事，知道被骗之后，我都会说没事，虽然脸上装作云淡风轻，但其实我内心是难受的。

我难受的不是我被骗的几百块钱，难受的不是自己被骗，难受的是为何很多身体健全的年轻人会误入歧途。

中国有如此多行业的选择，为什么他们不选择一种更阳光的职业作为谋生手段？

天大地大，为何他们会走这么一条人迹罕至的小路？

年轻的我们，本该是拼搏的时候，为何他们会选择这样的行当，误入歧途？

年少的时光本该是人生中最美好的年纪，他们应该绽放在明媚的春光下，为何最后他们只能在黑暗里成长？

我更难受的是自己无能为力，救不了他们。

我希望的不是我下次不再被骗，而是这些迷失的孩子，能够及早回头。

若问我，你的性格能改改吗？下次遇见这样的人，你还会去做吗？

不好意思，不会改的。会做吗？会继续的。

吃一堑长一智，下一次我只是会更加小心。

我怕被骗吗？肯定怕，被骗了两次还不怕，脑子有病才对。

但怕就不救了吗？只有内心极度脆弱和冷漠的人才会对困难中的人见死不救。一个内心坚强、骄傲、坚持正义、坚持美好的人，他只会一直做下去。

因为他知道，他做正确的事不是为别人而做，他是为自己内心认为正确的事而做。

六

罗曼·罗兰曾说："世界上只有一种真正的英雄主义，那就是在认识生活的真相后，依然热爱生活。"

这个世界上总有一些东西，需要有人去坚守，哪怕坚守的过程痛苦不堪。但有些东西必须得去咬牙坚持，就像在危难之际，总得需要有人挺身而出。

我从小的梦想是能活在一个理想的社会里，大家安居乐业，相互尊重，每一个人活得都有尊严，每个人都是独立的不受牵绊的，每个人都做着自己喜欢的事，而不再害怕世俗的成见。生活在这里的人各安其职，互帮互助，每个人见到需要帮助的人都能挺身而出，而不是首先考虑自己是否受伤害……

不管外面的世界风雨如何，我始终坚持在自己狭小的世界里撑起理想的一片天空。

我不是圣人，这只是我的理想，也是我的私欲，我渴望有一天我的父母、我的妻子、我的朋友、我的子女能生活在一片祥和的世界里。他们不需要担心老无所依，生无所养，学而无师，吃而无食，行而无友。

我很庆幸自己生活在这么一个世道太平的年代，只是偶尔在海边观潮时，被打湿了衣襟；如果我生活在一个战火纷飞的年代里，也许我早已因为不逃避不躲避的性格死去。

一想想这个我就很开心，至少我还活着，至少我还对得起自己，至少我还能在自己理想的世界风雨无阻。

最后借《增广贤文》里的几句话送给大家：与人不和，劝人养鹅；与人不睦，劝人架屋。但行好事，莫问前程。

傻才是人生

晚上准备睡觉的时候，朋友发来十二个字总结我：深藏若虚，君子胜德，容貌若愚。

我震惊得从床上掉下来，心想夸人就夸人，为什么夸我傻，还夸我长得不好。

得此评价，也有缘由，了解我的朋友经常说我是一个很傻的人，总是喜欢干一些吃力不讨好的傻事。

而我却认为，心甘情愿就好，傻人有傻福。

有朋友说像我这样的人，既抹不开面子又喜欢把别人的事当自己的事，还从来不把自己的事当事，肯定最容易吃亏。

我却告诉自己，我就是喜欢自己这个样子。

按照世俗的标准，像我这样喜欢到处乱跑，爱四处折腾，爱管闲事，整天活在梦里，谁都容易相信，看谁都像好人，不喜欢计较，对谁都掏心掏肺的人，一般是活不下来的。

每次我一想自己这样的性格，突然就觉得每天活着就像赚到了一样，既然我的性格活不下来，那我岂不是多活一天，就赚了一天。

因此活得简单，活得幸福，活得和他人不一样。

很多时候我也会思考，我真的傻吗？想着想着，一拍大腿，哪有真傻的人还会思考的呢。

遂得出结论，我真的不傻。

可不傻，为啥总干傻事呢，比如：

捡了50块钱，会懊恼的站在原地半天，来回问路人，你掉钱了吗？路人像看傻子一样看我，只是我心里焦急，生怕丢钱的人伤心。

有时候开车在路上，看到一对夫妻吵架，我会待在旁边看半天，一旦动手了我就立马跑上去，如果有时看到了，却没有跑上去管闲事，事后会后悔大半天，一直责怪自己万一出事了咋办。

刚刚认识不久的人，打来电话借钱，我二话不说，就把钱打了过去，当然数额不多。直到现在，平白无故借出去许多钱，很多都还没还上。但我不后悔，因为我知道，没人会做这世间最难以开口的事，他对我开口，是因为相信我。更因为我知道，没有人会在有路可走的时候找人借钱，能帮一把就帮一把，自己开心就好。

再比如愚人节，半夜，朋友打来电话，说在市里钱包掉了，要我去接。到了市里，他发来短信问，到了吗？我说我在市中心呢，你人呢？他回：我在宿舍，愚人节快乐！

我……骂归骂，但心里是开心的，至少我还有这些朋友。

还比如，分手很久之后，为看她一眼，横穿半个中国，躲在她公司的墙角，偷偷地看了她一眼，见到她还是记忆中的样子，就心满意足地离开了。

大学的时候，为不吵着室友，每每大半夜还在走廊的路灯下看书，一看几个学期。因为容易相信人，高价买了一个"学长"的一袋文具，"学长"刚走，我开始点数，最后得知被骗，打学长电话关机。没有气急败坏，只是心平气和的发了一条感谢学长的短信，室友看得目瞪口呆。

除了上面这些，还有许多傻事，比如从来不害怕丢脸，会没事找事，会有事当没事，会一个人自言自语，喜欢自黑自嘲自嗨，会和石头小草蚂蚁说话，会把酒当水喝或把水当酒喝，会心甘情愿吃亏，会无怨无悔，会经常感动得泪流满面。

朋友问："你这么逗，你爸妈知道吗？"

我说："我爸不知道，我妈也不知道。"

朋友问："你这样孤独累不累？"

我说："不是还有你们吗，哪里孤独。我这么开心，为自己活着，做着喜欢的事，难道不应该很快乐吗？"

一个人在这个世界活着，总要活出自己的样子，哪怕循规蹈矩，也要活出一点与众不同的样子。

傻就傻，呆就呆，愚就愚，自己活得明白，即使糊涂，也幸福。

每个人都向往幸福和纯粹，每个人都向往简单和快乐，可只有心中永远葆有天真和感动，我们才能留住内心那些纯净的东西。

我是个世俗的人，有七情六欲，有责任感和欲望，也渴望成功，更渴望做一些轰轰烈烈的事，不负此生。

但我明白，人生努力奋斗的所有源头，都是为了让自己好好活着，活得快乐，对得起身边的人，对得起相信自己的朋友，对得起自己。

天地很大，所站不过方寸之地，人生苦短，算来三万六千多日；人心随己心，人意顺天意，将愚不愚，及智不智就很好。

以健康之心，去求世间之名，不怕人，不害人，遵循内心的渴望和原则，守住良知，为自己活着，才能活出真的自我。

若问我下次还傻不傻？我会告诉你，人生但傻无妨，良人当归即好。

来我家三楼看看

"如果有一天我也能像那个姐姐一样，找一个自己喜欢的地方，开个自己的小店，那该是件多么惬意的事啊。"那天我和几个朋友正蹲在丽江四方街的石桥上发呆晒太阳，队里的小姑娘马儿指着酒吧里的掌柜姐姐说道。

"好羡慕他们那种生活，不用上班，不用工作，每天看看海，喝喝咖啡，晒晒太阳，多潇洒。"在海边的一个露天咖啡屋，队友指着那些度假的人说。

那时我们在三亚，记得当时我微笑着回答说："是的，我也很羡慕，羡慕他们不用朝九晚五，只是赌书泼茶。"

"有一天我也想像大哥您一样潇洒，开车自驾，想去哪就去哪。"在一辆顺风车上，朋友祥子对搭我们上车的大哥说道，那时我正在去往西藏的路上。

"东东，你真潇洒，去了那么多地方，既可以朝九晚五的上班，又可以过着你自己想要的生活。"我的许多旧友，每次聚会的时候都会一脸羡慕地对我说，每次我只是笑笑。

"东哥，真羡慕你，每次在台上都能挥洒自如，演讲的时候总是能说到我们心灵深处，我就想像你这样。"很多次，在大学里做完讲座，台下的很多弟弟妹妹都会这样对我说。

写着写着，想着想着，忽然脑里闪现出几年前的一幕，那时的我正在北京后海的一家小酒吧兼职做服务员，闲暇的时候，和年纪轻轻的老板小明哥谈梦想聊生活，当我说羡慕小明哥年轻有为时，小明哥指着正在后海上划船欢声笑语的一家老小说道："你别看他们现在正在享受，他们背后肯定付出了很多的努力。很多时候我们只看到别人光鲜亮丽的一面，却没有看到他们背后辛苦劳作的样子。所以他们现在的享受都是他们应得的，别去羡慕谁，年轻的时候就该多打拼，只要努力和坚持，每个人都可以过上自己想要的生活。"

写着写着，往上一看，差不多要跑题了，赶紧转回正题。

今天要和你讲一个故事叫：请你来我家三楼看看。

很久的时候，有那么一个富有而又愚蠢、不通事理的人。有一天，他朋友请他到家里玩，他看见朋友家新修的一栋三层楼房，外形优雅，华丽宽广，而房子的三楼光线明亮，空气舒爽，风景秀丽。那富人心里升起了嫉妒，心想："我拥有的钱财，不会输给他，为什么我就没有这么豪华的楼房呢？"

回到家后，他找来附近的一个木匠，问道："你会建造那一栋美丽的楼房吗？"

"那栋楼正是我建造的。"木匠答道。

"那你马上就帮我盖一栋相同的大楼吧。"

于是木匠就在富人的地盘上丈量土地，深挖地基，买来砖块，开始建造楼房。愚笨的富人看工人挖地基和砌砖，疑惑地问："你想做什么？"

木匠说："我在给您盖那座三层楼的房子呀！"

富人说："我不想盖下面的两层楼，你先帮我盖最上面的那一层楼吧！"

木匠说："这是不可能的事！没有人能不造第一层楼，就盖第二层，第二层楼没盖好，又怎么能造第三层楼呢？"

不管木匠说什么，富人都听不进去，他还是固执地说："我就是不想要一二层楼，我一定要你直接为我盖第三层楼。"

当时在场的工人听了，都哈哈大笑说："怎么可能不造第一层楼，就盖上面的楼呢！"

……

故事说到这里，亲爱的朋友，你心里肯定在想，哪里有这么愚蠢的人呢。不修建一二层楼，只要第三楼怎么可能呢？现如今应该不会有这么笨的人了吧。

有还是没有呢？我不知道，要靠你自己思量。

大家不要心生揣测，何东又在编故事了，其实啊，这故事还真不是我说的，是释迦牟尼佛陀在灵山开大法会的时候说的，说到后面佛祖还说：这就好比现在学佛的四众弟子，不肯精进修行，恭敬三宝，平时懒惰懈怠，却想要证得道果，还说我不想要须陀洹、斯陀含、阿那含三果，我只要最上的阿罗汉果。这样的想法，是不是与那愚人，没什么不一样呢！

当我第一次看到故事的时候，有种醍醐灌顶的感觉，好像佛陀就在说我。

以前的我也一直是这样，读书的时候不好好学习，不肯努力去钻研书本，上课的时候不听讲，图书馆也不常去，却幻想门门成绩都优秀；平时好吃懒做，整天睡觉、玩游戏、上网聊天，却一直想毕业后，能够有一份高薪酬的工作；平时还老是对别人说："学习真没意思，看书真无趣，我不想每天拿着微薄的工资，辛苦地工作。"朋友问我想干嘛？我说我只想开车环游世界。

后来不经意间听了这个故事，才发现自己竟然和故事里的那个富有而又愚蠢的人一样，每天幻想着自己的"空中楼阁"，不想付出，只想收获，不想努力播种，只想得到美丽的果实。

我不知道这个故事你听过没有，但我还是想讲给你听，这则故事流传很广，小时候就听家乡的阿伯说过。

记得第一次听到这个故事的时候，还嘻嘻哈哈和小伙伴笑道，这个世界上还有这么愚蠢的人呀！

后来长大了，才发现这个世界上太多的人何尝不是这样，他们只想要第三层楼，因为楼上看得远，光线又好，而没有想过，在拥有三层楼之前，必须要修建地基，必须要在地基上努力盖好一二层。

就像故事开头，我们羡慕那些潇洒之人，但是我们根本就没有看到人家背后的付出。

北京的小明哥，十四岁就被父亲从广东带到北京，刚到北京时，住在北京一个叫东村的村子里，每天和父亲凌晨四点就去批发蔬菜卖给附近的居民，卖完菜后又拼命跑到学校上课。读完高中就没读书了，觉得读书没出息，家里借钱给他在北京中关村旁边租了个门面做起售卖电子产品和组装电脑的生意。当时一般人都是守着店等客户来，而他每天无论刮风下雨都会骑着三轮车在北京城里贴广告，推销他的上门服务。后来生意做大了，实现了基本的财务自由，因为小时候，一直有一个当音乐家的梦想，于是开始自己学弹吉他，学唱歌，学民谣，一直苦学数年，二十八岁时才和朋友一起开了这个酒吧。

而我呢？朋友羡慕我过着自己想要的生活，看着我每年到处旅游，不用上班，就特羡慕。可他们没看到我曾经当过乞丐，连续一年兼职上夜班，每天干几份工作的那股拼劲。

他们羡慕我在台上挥洒自如，可他们没看到曾经的我，上台紧张发挥失利被人取笑的狼狈，更没有看到为了练习演讲，每天只带上一个馒头，把自己关在一个小黑屋里，不断的演练、背书学习。而后又不断地找机会上台丢脸，才渐渐克服上台紧张的毛病。直到现在每次上台之前，我都会提前反反复复的练习无数遍，"处心积虑"地设想在台上的每一个细节。

我们都情不自禁地喜欢第三层楼，就像喜欢长相漂亮的姑娘一样；我们每每都在努力，不是努力把地基打好把一二层楼修好，而是努力把自己幻想的"三楼"展现给身边的朋友。我们享受着属于自己的空中楼阁而不自知。

我们看到别人家三楼的美丽，却忽略了别人修建地基时搬砖的辛酸；我们只看到别人站在高楼之上俯瞰风景的模样，却很少有人能看见夜晚他们蜷缩在角落的落寞。

生活啊，我知道很不容易，但不容易也要生活，何不快快乐乐，脚踏实地的去打拼。要知道，一切美好的东西，都是从最基本的开始，离开了基础，再美好的东西也无法成立。

老一辈也告诉过我们：不积跬步，无以至千里；不积小流，无以成江海。骐骥一跃，不能十步；驽马十驾，功在不舍。

老子在《道德经》中道："合抱之木，生于毫木；九层之台，起于累土；千里之行，始于足下。"

呵，好一个功在不舍，好一个起于累土，好一个始于足下。

想要浪荡天涯，想要环游世界，想要来一场说走就走的旅行，孩子你要在心里记住：当你想以梦为马的时候，你要知道，驽马十驾，功在不舍；当你想站在楼上看风景的时候，你要知道，九层之台，始于累土；当你想要浪迹天涯的时候，你也要知道，千里之行，始于足下！

我一直相信，这个世界上有一个你，是为我而生的。我在满世界找你的时候，你也在苦苦等我。找着找着，就爱上了，等着等着，就遇上了。于是我知道，世间最美的相遇，只是久别重逢

亲爱的，愿你轻车简行，一路阳光万里，你所
走过的地方遍地花开

你走过的只是心中的那一条路，你翻过的

只是心中的那一座山

有些人，

见过就不曾忘记；

有些地方，

来过便不曾离开

曾有人问我，有人靠爱活着，

有人靠信仰活着，你靠什么活着？

我笑了笑说，靠梦想活着

一唱于纳木错

有些故人，无论人来人往，此生是定要见的

有些地方，无论山南水北，此生是定要去的……

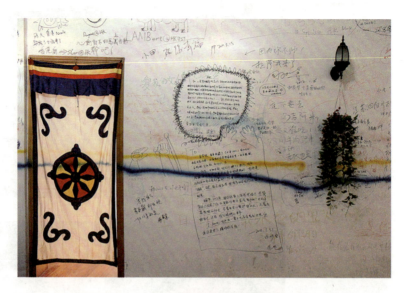

人就是这样，太多的时候，

宁愿错过，也不愿当面表达。

每个人都会在一个别人看不到的地方，

藏着一个别人不知道的秘密

你的生命里有没有那么几个人？

能陪你朝九晚五，又能陪你浪迹天涯，还能陪你颠沛流离？

没有的话，就去找；有的话，那就好好的珍惜

五年前，在天堂旅行书店，

写给五年后自己的一封信

记得年少时，我们曾一起

走过山川湖海，遍经远方与爱

你用你的青春，

我用我内心的炙热

你对我说

少年的中国有山川和大地

我对你说

少年的中国有你和你的故乡

相逢的人会再相逢

数月前的一个午后，独自在城郊外的田野散步，无意中在路边发现一张被无数过客踩过的纸条，纸张已经很旧，上面的文字成为那天我心中最美的相逢，遂把它作为本篇文章的缘由：

"人的一生会遭遇无数次相逢，有些人，是你看过便忘的风景。有些人，则在你的心里生根抽芽。那些无法诠释的感觉，都是没来由的缘分，缘深缘浅，早有分晓。之后任你我如何修行，也无法更改初时的模样。"

——题记

2017 年 7 月，长沙

天空下起了小雨，晨起，雾气氤氲，走了一条人少的路，来到公司，照常上班。

电话响了，一个陌生号码，接完才知道，原来是一个许久未见的故人。

故人具鸡黍，邀我至田家。

绿树村边合，青山郭外斜。

开轩面场圃，把酒话桑麻。

待到重阳日，还来就菊花。

接完电话，无由的想起这首诗，轻轻念诵，也把自己对故人的怀念借清风送至远方。

打来电话的是我的一位故人，名叫子健，相逢于边城湘西。

那一年，西风落叶，秋意浓浓，在边城江堤漫步时，遇见他。

那一天，阳光普照，清风徐徐，与他在路上交流时，情趣相投，他邀我去他家。

子健的家，就在边城凤凰旁的一个苗寨里，山水相间，犬吠垅亩，民风淳朴。

那一天，虽是第一次相见，我们却像多年的老友，这次相遇，只是久别重逢。在他家喝着苗家酒，聊着各自的梦想和兴趣，那一晚我喝得酩酊大醉，而后道别，这一别，已经差不多五年，各自怀念着，却许久未曾联系。

如今，他早已成家，在家乡开起了自己的客栈。

我呢，还一直在路上，朝九晚五，浪迹天涯。

许久未见，俩人在电话里相谈甚欢，我们约好待到下次秋意阑珊时我再前去拜访他。

到如今，生命中遇见过许多事。在遇到的时候，未曾了解；待到终于明白，我们却已错过。

高中的时候，对一个朋友特别好，后来朋友不搭理我，我认为他忘恩负义，于是一直怀恨在心。

大一的时候，他出了点急事问我借钱，当时身上有钱，也没借给他。后来释怀了，后悔了很久，却未曾想再也没了联系。

现在想想，如果当初把钱借给了他，是不是就多了一个朋友，少了一个陌生人。不管借钱给他后，他是不是还是和当初一样，但起码我做到了自己。

于是，慢慢明白，生命中与每个人的相遇，只是在那个相遇的点相遇，此次旅程走过，他日再相逢时，已不知是何年，所以该伸出手去拉一把的，就去拉一把，即使是有过恩怨的人。宽恕他人，完善自己。

如今，活了二十多年，生命中遇到的人数也数不清，即便是同学，大多已经忘记，如今还经常联系的朋友，绝对不超过 40 人。多么可怕的数字啊，太多太多的同学，毕业后，散落天涯，就再也没有了联系。

于是明白，在相遇的时候就应该好好珍惜，多去付出一点点，就会少那么一点点遗憾。

想起大学的时候，每次帮室友打水、打饭就很不情愿，每次多搞了卫生，也很不情愿，每次电脑被室友玩着，就很不乐意，满心的抱怨。

现在毕业了，想想他们，倍加怀念那段时光，现在想再去帮他们打一次水，打一次饭，扫一次地，却再无机会。

于是明白，斤斤计较的人，永远都在患得患失，多为他人付出一点，幸福就会多一点；付出的多了，幸福快乐就常伴左右。

故如今，我一直以一种欠世界太多的心态活着，总想多去看一眼周围的风景，总希望多用微笑去温暖擦肩的路人，用心去对待生命中活着的每一刻时光。

一次和朋友聊天，朋友感叹，哎，如果能回到过去就好了。

我笑着回答：回到过去？如果生命赐予我们每个人都有一个自己的月光宝盒，一打开，念念芝麻开门，就能回到从前，我们仍然会有遗憾。

朋友疑惑不解，能回到过去还会有遗憾？

我说是的，因为我们生命中每一个今天都会变成昨天，而每个昨天在我们今天想来，都有遗憾，不是吗？既然回不去，错过的就让它错过，好好活着，把今生当成最后一生，把每次相见，当成最后一次。

去旅行时，一直喜欢坐火车，因为在火车上，我们能与天南地北的朋友相遇、交谈，感受来自陌生人的善意。

有一次在火车上，因为自己唱歌、讲笑话、让座等，把整个车厢的气氛都带动起来。与大家一路说说笑笑，等我快到站时，大家都舍不得我下车。一位大叔说，孩子，我俩来一个约定吧，大叔经常坐这趟车出差，下次你再坐这趟车时，还来这个车厢看看，可否？我笑着回答，可以。车到站了，大家都向我挥手告别，还有几个大哥送我下车，现在想想，不由得感动。

未知的旅途，我们会有太多的相遇和别离，而每个相遇都会成为我们生命中的故事。

相遇的时候，往往我们会觉得平平常常，可一旦分离，他日再见已不知何期，唯有在相聚时拼命珍惜；每次行走时，我都会不断告诫自己：

走这条路，今生也许仅有这么一次。即使他日再走过，我也不会再像今天这样走过，所以要好好体验。

遇上的这个人，今生也许仅有这么一次，故要真心去对待。

来过的这个地方，今生也许只有一次，故用心去感受。

看见的这片风景，今生也许就这么一次，故用心去欣赏。

亲爱的朋友，若有一天在天涯途中遇见一个你，请你记得对我微笑，因为与你遇见的这个人，会以微笑与你相对，不管再不再见，都会把这一次与你的相逢当成今生唯有的一次，定会以生命最大的可能，对你微笑、珍惜和感谢。

生命是一场旅行，路上碰到的人、事、物，就是我们最美的风景，懂得珍惜，才会懂得生命。

后续：送你一颗彩蛋

2015 年 8 月，我去北京参加大冰和他朋友的"民谣在路上"的演唱会。出发的时候正值旅游高峰期，去北京的火车票一票难求，所幸，最后我买到了一张无座票。

上车后我在车厢里四处寻找着空座位，在走过一个车厢时，突然听见一个人在喊："小伙子，嘿，小伙子。"我转过去一看，一个似曾相识的中年大叔和蔼地冲我笑着，我仔细一看，这不就是我曾在火车上遇见的那个大叔吗！因此非常激动，当初说的再见，原来有一天会真的再见。

到了北京听完演唱会，作为义工我是坐在舞台上听大冰和他的朋友们唱歌的。就在演唱会结束我准备离场的时候，突然听见一个人喊："东哥，东哥。"我四处观看，发现台下一个帅小伙在叫我，身边还带着一漂亮姑娘。

原来是我的好哥们李帛霖，他是我在爱中行走项目第四季活动的负责人，毕业后只身来到北京过上北漂生活。

因为我行程安排得太紧，到北京就没通知他，谁知我们在北京就这么相逢了。

一直以来，很多朋友都在感叹，分别后再见一面很难，真的难吗？其实不难，只要你真的想见，千山万水，其实也不过是一张火车票的距离。

等我写完这本书，把这场梦做完，我就会带着书，买一张火车票——去见见我的这些老朋友。

隐居大理当店家掌柜的听雪，流浪到深圳喝酒只用碗的大超，蜗居在长沙修篱种菊的小亮，在五明佛学院少小出家的如来小哥……

下次喝醉之前，请记得等我。

有些地方，无论山南水北，此生是定要去的，有些故人，无论人来人往，此生是定要见的。

不要害怕离别，不要害怕说再见，离别的人终会离别，相逢的人会再相逢。

第六章

有梦为马

曾有人问我，有人靠爱活着，有人
靠信仰活着，你靠什么活着？
我笑了笑说，靠梦想活着。

有人活着是为了活得更好，而有人活着只是为了活下去。有人生下来就住在高楼大厦里俯视众生，而有人从小就生在山沟里仰望群星。有些人的梦想是走遍世界完成环游世界的梦，而有些人一辈子的梦想就是走出大山

世界上所有的孤独都来自于内心，所有的距离，都来自于心

的距离；我们以什么样的姿态去面对这个世界，这个世界就

会还你一个什么样的人间。你用一颗微笑的心去对待生活，

生活必还给你一片碧海蓝天

不要那么孤独，

不要总是一个人，走出去，

你会看到那群陪你同行的人

无论前方坎坷抑或走得汗流浃背，请记住：

真正追梦的人，永远在路上

梦想的样子

2011 年我和几个好友带着一些物资来到四川大凉山深处一个叫尔果乡莫尔洛村的小学支教。说是学校，其实就是一间破旧的民房，十里八村 20 多个孩子都在这里上学，他们大部分都是留守儿童。

我们在小学待了半个月，主要的任务是教小孩子画画。我们在离别前的最后一堂课给孩子们安排的作业是在纸上把自己的梦想画出来。

小时候我们每个人应该都写过一篇以"我的理想"或者"我的梦想"为主题的作文。本以为这些小孩子也会像孩提时候的我们一样，梦想当一个科学家、一名医生、一位老师，抑或是一个坐飞机环游世界的人。

但当我们把孩子们的卡片收上来，看到他们的"梦想"，我们震惊了。20 多个孩子，只有两个人的梦想与我们预料的相同，他们一个画的是军人；一个画的是医生。而大多数孩子画的是一间房屋，和手牵手的一家人，还有一个小女孩在卡片上画的是花裙子和靴子。

作为策划本次作业的负责人，事情远远超出我的预想，准备好的台词一句都用不上。

于是我把画军人和医生的两个孩子请上台，让他们和大家讲讲自己和梦想的故事。

画医生的小孩叫扎西，他在纸上画着一个医生和一位老爷爷牵着一个小孩。

当我好奇地问他为什么梦想是当医生，小扎西说他想把他爷爷的病给治好。

后来我才知道，小扎西的父母在他小的时候就去外面打工了，带他长大的爷爷因为生病，常年躺在床上，每天都在靠喝草药治疗。

当我问另外一个卡片上画着警察的小姑娘时，小姑娘说她弟弟从小就被坏人抱走了，她就想当个警察去抓坏人，然后找回她的弟弟。

看着他们纯净的眼神里流露出来的渴望，我沉默着忧伤了许久。看着孩子的画，看着他们梦想的样子，我根本无法继续问下去，因为我深知他们梦里所表达的世界。

就在我准备把课堂交给另外一个朋友时，我突然瞥见窗台上趴着一个男孩。当他发现我在看他的时候，慌张得躲了起来。过一阵又趴在窗台上。

我走到教室外面找到他，抱着他问为什么不进去。他不说话，只是摇头。我想把他抱进教室，他像条泥鳅一样哭着挣脱我的怀抱。我只好作罢，拿出一个书包装了几本书和一些文具送给他。

学校的老师告诉我，这个孩子叫阿鲁，今年7岁，母亲嫌家里穷，生下阿鲁后就跑了，父亲后来出去打工后，就一直杳无音信，家里只有奶奶一个人。根本没钱送他上学。

后来很多次整理照片，看到那张阿鲁躲在铁窗外看着教室的图片，我心中一直耿耿于怀，当时我应该详细了解阿鲁的情况，然后资助他上学才对。

以前很喜欢聊梦想的我，支教回来后，很长一段时间，很少再与人谈及梦想，因为我突然觉得这个世界太不公平了，有人活着是为了活得更好，而有人活着只是为了活下去。有人生下来就住在高楼大厦里俯视众生，而有人从小就生在山沟里仰望群星。有些人的梦想是走遍世界完成环游世界的梦，而有些人一辈子的梦想就是走出大山。

韩寒曾发过一条微博："有人住高楼，有人在深沟，有人光万丈，有人一身锈，世人千万种，浮云莫去求，斯人若彩虹，遇上方知有。"

都说童年是幸福的，童年里有五彩斑斓的世界，可以允许我们尽情做梦。可对于这些山里的孩子，生活带给他们太多残酷。如果不走进大山，或许我们永远不会知道，这个世界上有一群孩子做着一个别样的梦，他们的梦对于我们来说唾手可得。

梦想没有高低贵贱之分，哪怕只是一条花裙子。我一直相信，有梦想的人是幸福的，拥有梦想的人，他们的内心有无穷力量，这种力量能让他们在自己的人生当中乘风破浪，最终到达理想的彼岸。

希望每个人都有梦，希望我们都能在自己的人生里无论贫穷富裕，都能够心怀梦想，活出自己想要的样子。

心和梦想一起走

一

记忆中，20 岁之前的每个人生阶段里都做着各种奇怪的梦。

2010 年，那年大二，我做了一场大梦，希望将来有一天我能成立一个梦想孵化工厂，专门帮助那些有梦又愿意努力的人，给他们提供一个机会，帮助他们实现自己的梦想。最后带着他们一起成立一个梦想基金，为下一批有梦的人提供一个实现梦想的机会。

当初的构想是等有一天我挣够 200 万，我启动这个计划。在全国招募 100 个有梦的人，按着他们的梦想，请最专业的教师，给他们提供一个专业学习和成长的机会。

在这个梦想工厂里面，100 名志愿者，唯一要做的就是经过数月魔鬼般的学习和训练，成为一个独当一面的人，出来后就能直接到对接企业上岗或者自己创业。

我不需要他们交任何钱，完全免费，只要他们肯来改变就行。最后在他们成功实现梦想之后，回来担任梦想工厂的导师，和我们一起帮助下一个需要提供帮助的人，提供一个实现梦想的机会。

为什么有这么一个梦呢？源于我大一的暑假。

那一年我在广州花都的一家鞋厂打暑假工，在这里认识了许多大哥大姐，他们肯学习，很能干，也很善良，但因为生活条件的限制，他们不敢追寻自己的梦想，也找不到一个给他们提供机会的地方，他们如果学习，如果说自己有梦想还会被人笑话。

记得在那个鞋厂我认识了一个和我年龄相仿的女孩，叫小月，也是来打暑假工，她的父母都是这个工厂的工人。她在广东一家技校读书，学的是服装专业，本来暑假要出去进修，因为家里条件不允许，只能被父亲要求来这里打暑假工，挣下一个学期的学费。

而她的梦想是当一名服装设计师。那时每天下班后，任何一点时间，她都拿着笔不断地画着设计稿，有几次她拿着自己的设计图去附近的人才市场应聘服装公司的实习生，但因为学校只是一个技校的缘故，面试官从来都不看她的设计稿。

这个社会有很多像小月一样的年轻人，他们有才华、他们渴望改变，渴望有一个平台让她们去实现自己的梦想，但是没人给她们机会，哪怕只是一个学习的机会。

我一直苦于自己没有能力帮她，因为我知道，很多时候，只要我们在能力范围的前提下，稍微帮对方一把，哪怕是一个微笑和鼓励，也许就能改变他人一生。

所以梦想工厂这个大梦，我一直带着，从南方走到北方，一直在追寻着这样一个理想，这个梦想几乎成为我的一种信仰。给别人一个实现梦想的机会，然后带着这个实现梦想的人，给下一个愿意改变的人提供一个机会。

每次和人说起这个梦想，他们都只会说一句话："何东，你别做梦了，你这个想法太过理想。"

二

我很庆幸，我一直带着自己的梦想活着，一直走到现在。

2010 年我开始确定自己的梦想，等到挣够 200 万就去实施，可我等不及了。

三年后，也就是 2013 年，没有等我挣够 200 万，我就开始了梦想工厂的另外一个版本，我和朋友一起发起成立一个叫作"简爱基金"的公益组织。同年发起了一个针对全国在校大学生的心灵公益成长项目"在爱中行走"。

因为项目的活动模式在国内属于首创，当时国内类似的户外项目动辄需要数百万启动资金，许多大企业刚启动这样的项目就胎死腹中。而且我们还是公益性质的，不依赖任何企业，负责人仅仅只是几个学生。项目刚刚发起之时，几乎所有人都认为不可能完成，而两年时间里，在爱中行走被全国数百家媒体报导，被湖南教育电视台等多家媒体专题报道。

从最初的几十人报名参加活动，到现在每期活动数千人报名，我们被全国数百家高校的学子认可，在全国近千所高校有我们的志愿者。

我们以自己的能力和公益理念影响着全国数十万大学生走出

去，带回来，边行走，边公益。

四年多时间里，我们带着一个又一个志愿者完成着属于他们的公益梦、行走梦和旅行梦。

我们的项目在全国各地播撒着一颗关于梦想的种子，几乎所有参加过项目的志愿者都说，这个活动是他们青春里最疯狂和最理想化的一次活动。甚至有许多志愿者说大学必须参加一次在爱中行走的活动，青春才算完整！

曾有媒体报道说在爱中行走项目是中国青年团体里最理想化和最具正能量的公益团体。几乎每次活动都是一次爱的循环，每次活动的顺利完成都依靠上一届参加活动的志愿者，义务帮助和带领下一届参加活动的志愿者完成活动。

做自己的英雄

每个人都有一个敌人，那就是自己。

——题记

今儿早上搬家，整理书架上时，看到角落里一本已经被我翻得没了封面的书，翻开看到一段话："知人者智，自知者明，胜人者有力，自胜者强。知足者富，强行者有志。"

一看很熟悉，原来是道德经上的一句话，若有所思中。

想起了在一次分享会上，一个叫海涛的队友，大一的孩子，高高瘦瘦，活泼调皮内敛外骚。那天他的分享的题目叫：做自己的英雄。

我很喜欢这句话，做自己的英雄。

如今这个世界，榜样、偶像、大师、大王、名人、灭绝师太、天后太多太多，唯独英雄很少；而太多的人都喜欢以别人为偶像，唯独很少有人会以自己为榜样，以自己为英雄，故我很喜欢这句话，做自己，做自己的英雄。

那天分享会上，队友马航分享了一段很风趣幽默的话："不要因为自己丑，就不谈恋爱，就算自己长得丑，也要谈恋爱，谈到世界充满爱。我若不勇敢，谁替我坚强。"

海涛听完后觉得有意思，于是立马就在台上对台下一个自己暗恋很久的女孩表白，最后还把女孩抱上了台。

这一突发情况，把大家吓了一跳，也把分享会带到了一个高潮，更让平时喜欢说"这些事肯定要放在心里不说，要把她放在心里"的他，突破了自己，成为自己的英雄。

那天海涛还分享了许多他的成长经历。

回想起他的成长历程，从跑步到商战，从队员变成队长，从参加活动变成策划活动，一路走来，他一直在突破自己。他日记里有这么一句话：人生有两件事必须得勇敢，一件是奋不顾身为爱情，还有一件便是为青春的这次远行！

做自己的英雄，我相信他已经做到。

第一次认识海涛，是在简爱为期 15 天的魔鬼训练，我们每天早上 6 点开始，进行 4000 米常规体能训练，而魔鬼训练第二天，海涛就摔伤了腿，但我依然看见他瘸着腿，跟着大部队跑步。

记得训练第三天学校安排他们班级去三峡实习，他就问我："东哥，我们要去实习，咋办？"我顺着话开了句玩笑说："那就在三峡跑。"结果，他真的在三峡跑完了剩下的 13 天，每天还传照片给我看。

最开始活动启动报名的时候，湖南工业大学报名的志愿者差不多有 130 多人，最后，坚持参加完魔鬼训练，和我们一起上路的队友不到三分之一。

很多事情，由于年轻，心不定，所以难坚持，做事很多时候都是三分钟热度，海涛是如此，我也是如此。

在路上的时候，海涛和我说了一个让他坚持参加完活动的小故事。

他刚刚参加简爱活动的时候，他的室友听说了，就取笑他说："海涛，你是不是被洗脑了，天天这么早起床跑步，凭你的性子，你一定坚持不了三天，你一定去不了西藏。"

结果他告诉室友，你说我不行，我偏做给你看。

我相信说这句话的时候，他内心也不确定，只是冲动，凭着年轻人的那股干劲说了出来："我一定能坚持，我能做给你看。"

结果，说着说着，梦想因为坚持，变成了现实，说着说着，他就开始为自己活着；走着走着，就走到了路上，走着走着，就从湖南，走到了西藏。

那天听他微笑着和我说这个故事，我开始对这个小伙子感兴趣，因为我在他身上看到了自己当初的影子。

当年自己只是读了一个三流大学，大一国庆放假回家和一个复读的同学吹牛说大学如何如何好玩，如何风光旖旎。看着他羡慕的表情，我虚荣心得到了满足。

后来，他考上了湖南一个比较好的本科，放假的时候，我们聚会，这个同学就和我们吹牛，说他们学校如何如何好，开玩笑说我们学校根本就不能和他学校比，那时候感觉自尊心受虐了，当时也是因为冲动，说了一句，我也能去。

就因为那一句我也能去，后来我从一个学校读到另一个学校，从这个城市走到另一个城市。他四年读一个学校，我走读了五个，那时候觉得战胜了他，觉得比他牛多了。

但是现在想来，年轻的我们，因为虚荣心和欲望，一直是在为别人而活。

别人说我不行，我就一定要行给他看，然后努力去做到行。

别人说我这里不好，我一定会为此而悲伤，然后努力去做到别人说的好。

别人说我这个不能，我一定会想尽办法，把这个不能变成可能。

为满足自己的虚荣心，我们一直活在别人的嘴里，一直盲目地追求着别人眼里的自己。

从而始终不曾明白，何为真正的勇者，何谓真正的聪明和智慧，然后就一直在自认为的勇敢和智慧中不断迷离游走，最终迷失自己，忘掉了当初自己渴望的模样。

道德经上说，知人者智，自知者明，胜人者有力，自胜者强。生命中，只有战胜自己的人，才能成为自己的英雄。

也许在成为自己的道路上，我们会偶尔冲动，会走很多弯路，会伤害很多人，会犯很多错，会不明白很多质朴的道理，但是即便如此，年轻的时候，一定要冲动和勇敢几回，老了的时候，才不至于后悔。

我们坚持一件事，总会有人问我们，难道不苦吗？心不觉苦，外在才不苦，愿意去做，你才会去做，

做自己的英雄，不断坚持自己选择的路，忠于理想，不断地突破自己，我们才能活出自己想要的人生。

这个世界有太多的路，但我相信生命道路的两旁，一定是因为自己的努力，才能让原本荒芜的人生，开出漫山遍野的花来。

致有梦想的人

周末正加班，许久未见的友人打来电话，第一句话便问："你还在路上吗？"我心中有疑惑，但还是回答说，我在公司。

友人继续问："你还在路上吗？"我说："我在公司加班。"友人笑笑说："不，你在路上，你在梦想的路上。"我下意识地吐了吐舌头，独自呢喃："是哦，我在路上，一直在梦想的路上。"

微信来消息的声音响起，打开一看，是一哥们发来一个红包，点开，一块钱，还捎了句话："东掌柜，我快迷失了，赶紧给我来一块钱的梦想。"

我赶紧把电话打了过去。

……

2015 年 12 月初，一个媒体的记者给我做了一个专题报道，采访结束时，她问："你觉得自己成功吗？"

我笑着问她，你定义的成功是什么标准？

她说："你就说说你目前觉得自己成功吗？"

我觉得我特别成功。

"为什么？"

因为我一直按着自己的理想活着，过着自己想要的生活。

......

晚上下班，回到家里，我关着灯，重新看了一遍《当幸福来敲门》，看完再次被感动，于是写下这篇文章。

加德纳说："如果你有梦想，就要捍卫它。"我心里躁动着，升起一股力量，默默告诉自己：是的，一定要去捍卫它。

曾有朋友问，唱歌的人靠音乐活着，卖画的人靠艺术活着，写字的人靠想象活着，你这样逍遥自在，是靠什么活着？

我笑着回答："何东呀，靠梦想活着。"

我曾无数次问自己，曾几何时，我跟梦想相遇？是什么时候，我开始有了梦想？又是何时，我成为靠梦想活着的人？

没有明确的答案。反正就一直遵从着内心，为自己活着，执著中带着坚强，知道自己来自何处，又走向何方。

朋友说我是幸福的，我不置可否，因为一直以来活得很快乐，过着自己想要的生活。

记得刚刚上学那会儿，在我们家乡的小学校，全校只有一个老师，我们都是坐在石头上上课。

突然有一天学校来了一群人，带了一车的书和文具用品。上课的时候，我好奇地问老师："这些人是来干什么的？"老师说："他们是来做好事的志愿者。"

从此，我们的学校有了图书室；从此，我知道了格林兄弟、莱特兄弟、七个小矮人和白雪公主；还知道了松下幸之助、富兰克林、爱迪生；我更知道了这个世界还有一种叫"做好事的志愿者"。这些人朦朦胧胧构成了我的整个童年。

或许现在的梦想，就是那时候萌芽的吧。那些爱心人士，来到我们落后偏僻的家乡，他们小小的举动，就像播种一样，在我的内心种下了一颗善的种子。

实现一个童年的梦想需要多久？有些人要一个月，有些人要一年，有些人三年五载或十年，还有些人呢？或许要一生。

我呢，用了十年。那年我八岁，第一次接触志愿者这个词，十年后我和朋友在学校募集了一些书，和一个公益组织一起，跋山涉水把书送给了湘西古丈县一所偏僻的小学，那年我十八岁，刚刚进入大学。

纪伯伦说："我宁可做人类中有梦想和有完成梦想的愿望的、最渺小的人，而不愿做一个最伟大的、无梦想、无愿望的人。"

我想我应该是那个有梦想，而又最渺小的人。

曾听李开复老师说："我每天起床不是闹钟叫醒，是我的理想和激情，让我起来想去工作。"刚听到的时候，血脉暴涨，激情昂昂，现在呢，还是如此。

不久前曾和远方一个许久未见的朋友聊天。我们大学时候是很好的朋友，经常一起出去旅行。聊天时，他告诉我："不要再谈梦想啦，做人还是要现实点。""我们男人有钱就有资本，有钱什么都有。""你别天真啦，外面的世界没人会和你谈梦想的。""这个世界到处是没有梦想的人，你拿着梦想做什么。"

我记得那天，一向喜欢和人争的我没和他争，也没反驳，更没告诉他，我认为他说的不对。

因为我知道，这个世界上，有我这样的人，也会有他那样的人。我为我活着，他也是为他活着，没有什么不对。

有时候我也会反问自己：在这个利益至上的年代里，时时有人告诉你要现实点，很多人的行为也在告诉你，做人要现实点。那在梦想与现实之间我们该怎么办？

没有答案。

写到这里，我心想，如果有一天，我没有了梦想咋办？梦想实现不了咋办？我不敢想下去，但心里有个声音不停地说："没有梦想，我肯定就不会有灵魂；没有梦想，我肯定看不见希望；没有梦想，我肯定是个行尸走肉。管它能不能实现，带着上路，坚持做自己，跟梦想死磕到底。""实现不了就实现不了，有什么大不了，起码享受了追逐梦想的过程。"

莱特兄弟的父亲曾指着天上的鸟告诉他们："孩子，只要你们想，你们也能飞起来。"因为梦想，莱特兄弟找到属于他们的天空。于是这个星球有了飞机。如今我也有自己的天空，你呢？属于你的天空呢？

特蕾莎德兰修女说："上帝不需要你成功，只需要你尝试。"你尝试了吗？尝试为你的梦想去做点什么了吗？我在不断的尝试，你呢？

苏格拉底说："世界上最快乐的事，莫过于为梦想而奋斗。"我想我是快乐的，也正在梦想的路上，你呢？

忠于梦想，我们可以一次一次地撞南墙，但我们不能一次又一次的失去理想。

拾起你的梦想，再去坚持一段时光，即使路上会孤单。

扬起梦想的帆，努力向前行走，哪怕荆棘丛生，遍体鳞伤。

带上你的微笑，去面对每一个人，即使过后便会遗忘。

打开你的心扉去说一说，即使只有自己听，也无妨。

拿起你的笔，写下属于自己的一段故事，即使没有人看。

因为做了，总比不做强。努力了，总比放弃让自己内心温暖。不是吗？

要知道，做一个有梦的人，会很快乐，执著梦想的人，永远年轻。

最后，致所有跟梦想死磕的朋友：

我们，不是因为拥有了才付出，而是因为付出了才拥有。

我们，不是因为成长了才去承担，而是因为承担了才会成长。

我们，不是因为有希望才去坚持，而是因为坚持了才看到希望。

我们，不能因为有了机会才争取，而是因为争取了才有机会。

我们，不是因为做了梦才有梦想，而是因为有梦想，然后才能去"做梦"。

青春是因为有梦，才精彩。生活是因为有希望，才感动。

走着走着，就遇见自己

我是谁？

从小到大，朋友说我是个特别逗的人，怎么个逗法呢？和你说几个小片段：

曾喜欢过一个姑娘很久，但是由于对自己长相和身高不自信，始终不敢表白。有一天吃饭闲聊，我向那个姑娘取经，问她："你说你们女生一般都喜欢什么样的男生？"

她回答："阳光、帅气、有思想、会疼人。"

我点点头喃喃自语："嗯，还好，除了阳光、帅气，我占后面两个。"我继续问："那你的标准是什么样呢？"

"阳光、一米七以上、善良、能逗我开心。"

我又点点头，心想又占后面两个，然后开始给她做选择题，我说："刚刚你说你们女生喜欢的男生，一般是阳光、帅气、善良、有思想、会疼人、一米七以上、能让你开心。那么请问这几项里，如果你选男朋友最不可缺，非这三项不嫁的标准是什么？"

姑娘回答："善良、有思想、会疼人。"

听完我大跳起来说："耶，全中。"

每次和朋友逛街，经过玻璃橱窗的时候我都会好奇的盯着里面看，有时还会对着玻璃橱窗敬礼。朋友就会看着傻子一样的我说："你又买不起里面的东西，看啥看？"

我说："你懂什么？"

然后指着玻璃橱窗说："你看你看，那里面有个我，我这叫遇见自己。"

喜欢雨后散步，有时候经过一摊积水，看见里面有那么一个影子走过，我会退回来，蹲下，看着水中自己的倒影说："嗨，哥们，你待在里面干啥呢？为什么不出来透透气？""不说话？不理我？嗯，有个性，我喜欢。"

下班回家的路上，看见太阳还有一半就要落山了，我会马上加快脚步，指着太阳说："我们比一比，看谁先回家。"说完撒腿狂奔，果然在日落之前回到家，然后气喘吁吁地站在阳台上对太阳说："看吧，我可比你厉害。"

于是从冰箱拿出一瓶饮料对自己说："好好喝，这是犒劳你的。"

生活中我就是这么一个人，神经兮兮，疯疯癫癫，同时还爱做梦，喜春眠，喜欢和自己对话，喜欢在自己的世界里无拘无束。

人最难做的就是成为自己

小时候，父母告诉我，你要成为某某那样的人，学校教育告诉我某某是你的榜样，工作的时候，老板告诉我要像某某才会有出息，似乎生活中所有的人都在告诉你，你只有像别人那样才能更好地活下去。

但是很少会有人问我，你喜欢什么，你要成为什么样的人，你的梦想是什么？

似乎我们生来就注定了人生的轨迹，从小父母把我们送进学校读书，小学、初中、高中、大学、硕士，甚至还有博士，人生最好的年华是在求学的路上，认认真真读书，这是父母对我们的唯一要求，读更好的学校考更好的成绩，拿更多的证书；毕业后呢，找一份像样的工作，像《杜拉拉升职记》里的杜拉拉一样从一个默默无闻的职员，经过自己的不懈努力，然后升职再升职，最后成长为一个企业的高管。这个过程中你要面临各种压力，你还要买车、买房、成家立业、生小孩，再为子女的读书、工作、成家操心。

每次一想到自己的人生轨迹如同母亲希望的那样，好好读书，考上好大学，当个老师，娶个好老婆，然后生个胖儿子，一生就圆满了。有那么一段时间，一想到这个就害怕，无数次问自己，这是我喜欢的生活吗？我这一辈子真的就这样吗？

走着走着就成为自己

十八岁之前，我是个特别自卑的孩子。

因为身材矮小的缘故，从小我就被人称为矮个子，真的我是个矮个子，一个男生，脱掉鞋子不到一米六，穿上鞋子刚好。

所以每次别人说我矮，喊我矮个子的时候，我就特别生气，特别自卑。

初一那年，因为一个女生天天喊我矮个子，我生平第一次和女生打架，就是那次。

每次有人喊我矮个子，我就害怕，这声矮个子就像安装在我心里的紧箍咒，每次别人一喊矮个子，就像唐僧在给孙悟空念紧箍咒，一听就会浑身难受。我一直带着这"金箍"走了很多年，内心变得胆小而又自卑，直到有一天我走着走着，突然听到一句话："你这么胖，别人喊你胖子有错吗？"当时听到这样一句话，不知为何一股微妙的感觉从心里传来，"是啊，我本来生来就矮，别人喊我矮个子是应该的，因为这是事实。就像胖子被人喊胖子，傻子被人喊傻子，这都是生命的真实显现，你胖别人所以喊你胖子，你做错了事，别人所以骂你，这都是生命的真相。难道你矮，你还想让别人喊你高个子、瘦子"？

自此以后，我再也不反感别人喊我矮个子，每次有人喊我都会笑笑，坦然接受，心想，哎呀，又有人在指点我要看清生命的真相了。

这个世界没有无缘无故的爱，也没有无缘无故的恨，所有的结果，都因为有因，才有果。很多时候我们之所以痛苦就是没有接受生命本来的样子。

2012年，我特别迷茫。一方面毕业马上就来临，我放不下自己所拥有的，当时在学校的兼职，每个月都有三到四千的工资；另一方面，我又想做些跟梦想有关的事。

所以这一年的时间里，我到处乱跑，每天过得都很焦躁，根本就不知道自己要走向何方，做什么事情都提不起劲，一想到未来，我就陷入一片看不见的虚无里。

直到有一天，我想起小时候"金箍"的事情，我问自己，你究竟是害怕离开安逸的学校生活呢？还是害怕自己没有能力和勇气去面对外面世界的风风雨雨？你到底是在害怕失去，还是怕你自己输不起？你心里到底要什么？你要成功还是失败？没有失败哪来成功，没有付出哪来得到？你是希望实现梦想还是一事无成？

　　问着问着我就有了答案。我之所以迷茫是因为自己想得太多做得太少，说得太多干得太少，本该拼搏的年纪里却一度选择安逸，本该在行动的时候，却停留在原地。

　　在一次又一次的反问自己过后，我听从了内心的声音，辞掉了兼职，开始为自己的梦想付出行动。

　　先是找了个工作干了一段时间，因为不适合就辞掉了；辞掉工作后，开过培训班，因为想多沉淀自己一段时间，所以关掉了；然后重新创业，开了个电子商务公司，因为初生牛犊，急功近利，然后失败了；最后，回归到自己擅长的公益和教育行业。

　　因为不断的尝试，我找到属于自己生命的闪光点，走着走着，就成为自己，活成了自己想要的样子。

　　生命是一趟漫长而又刺激的旅途，没有谁生下来就是自己，没有谁生下来就知道自己喜欢什么，适合什么，能做什么，所有最终自己的样子都是因为在不断地寻找中，经过一次又一次尝试，坚持再坚持，才能成为自己。

　　漫漫一生，山远路长，无论何时何处，我们都不能放弃内心自我的觉醒。

　　这一辈子，我们能完成最好的一件事就是成为自己。

　　愿你也如是。

一年后，五年后，十年后

送一些喜欢的话给自己

2010 年 7 月，第一次去云南大理，在一个叫作天堂时光的小店写了一张明信片给未来的自己。

那一天我坐在天堂时光小店的台阶上，看着人来人往，晒着太阳思考着要写给未来的自己一些什么？

想了一上午，最后在明信片上写了三句话：好好活着，继续做梦，永远年轻！

两年后的某一天我才收到了这张写给自己的明信片。

兜兜转转，成为了明信片上的自己：好好活着，用尽全部的力气，在有限的生命时光，活出最好的自己。

2012 年，正在浪迹天涯的路上，和每个人说起理想时，他们听完我的理想后，对我说，如果你一年后还这样折腾，那我就佩服你。

我回答肯定能，然后继续上路。

一年后我继续双目炯炯有神的和他们说起自己的理想，他们继续说，再过五年，如果五年后，你还能坚持你的理想，那我就佩服你。

今年，好像是第七个年头了，依然跋涉在理想道路上的我，好像再也没去找朋友说自己的理想，好像再也没去找朋友吹牛，再也没有急着想去证明一些什么。

这一刻，我突然发现，自己的内心更加笃定了，知道自己为什么活着，好像再也没兴趣去向谁证明自己。

今天坐在书桌旁想起这段往事，嘴角轻微的扬起，看着电脑屏幕里的自己，依然是那个双目炯炯有神的少年，对着他笑笑，和 2010 年唯一不同的是，笑的时候脸上有了轻微的皱纹，摸摸肚子，好像也有了一点点肚腩。

突然想起在书上看到的一句话：岁月带来了皱纹、白发和肚腩，但或许带不走，你我心中的那个风马少年。

2010 年到 2017 年，你一直在梦想的道路上跋涉，七年的时间，你从一个懵懂无知的少年逐渐活成自己想要的样子，你也一次一次完成自己的梦想，走四方，做公益，创业，出书，开店。

于是我拿起笔，问了问自己，如果写一句话送给一年后的自己，会写什么？如果是五年后呢？抑或十年后？想了想，陆陆续续想了好多天，在上班的时候，吃饭的时候，走路的时候，上厕所的时候，睡觉的时候，醒来的时候不停的想，终于写下这些能让自己在一年后、五年后、十年后都能看一辈子的话。

一、听从自己的内心，继续做梦

这一句话，写给五年后的自己。

五年前，我游学，和朋友说我要过自己想要的生活，朋友说，你别做梦了，如今的世道，怎么可能按着你理想的样子去生活呢？思前想后，毅然决定背包上路。从下决心那一刻，我就知道，今后面临的未知会让我一次一次在梦想的道路上打退堂鼓。但是我选择了听从自己的内心，只是因为心中有梦。

游学两年后，面临毕业，人生的十字路口再一次出现抉择，这一次更加艰难，因为面对的是家庭和未来，我是听从父亲的话，去亲戚家开的公司里谋取一份正经工作，然后终老一生，还是依然选择坚持做自己想去做的事情，我一直犹豫不决。

2012 年，我和朋友背包去了一趟西藏，在路上风雨奔波四十多天，风尘仆仆，我们一路从成都走到拉萨，在路上，我一直在思考，到底自己想要什么，听父母之命，还是坚持自己的理想？

想着想着，走着走着，我突然找到自己生命的意义，这意义不在路上，也不在西藏，而是在自己的心里。

在路上的时候，我和我的几名队友做了一件小事，使得整个旅途变得更加有意义。

川藏线上游客多，垃圾也多，川藏道路两旁到处是垃圾。于是我一个执念生起，就是想让自己走过的路，因为自己来过，变得有所不同，哪怕只是干净一点点。于是我开始捡沿途的垃圾，最开始的时候只有我一个人，慢慢的队友增多，骑车的、自驾的、徒步的、搭车的、藏民都对我们赞不绝口。

那一路我想明白了一件事情，一个人力量再小，坚持去做，我们也能改变一些什么。人活着，最重要的是快乐，是做有意义的事，而生命最有意义的事，就是遵循自己的内心活着。

从西藏回来后，我开始踏出了梦想的第一步，创办了一个属于自己的理想平台，以自己的能力影响身边之人向善以及去推动更多年轻人的梦想。

在这个平台刚刚创立之前，我咨询过许多老师和朋友，一如五年前的答案，关心我的朋友们都是坚决反对。

反对的理由大多雷同，你已经毕业，你不好好工作，做这么一件吃力不讨好的事干什么？二十几岁正是人生最好奋斗的年纪，你不好好出去为自己未来的事业打下基础，将来的你靠什么而活？

思前想后，无数个辗转难眠之夜，2012年的最后一天，跨年之夜，我给父亲打了个电话，历数这些年的不懂事以及他们的辛苦，父亲听完哽咽，我挂断电话，发了一条说说。

2013年1月1号，简爱基金就此成立。

人生最大的遗憾，莫过于不能选择自己想走的路。每次站在人生的十字路口都是最难以抉择的，现实也会让我们一次又一次无所适从，让你不断的面临选择，回观我们身边，太多留有遗憾的人。

我有一个朋友从小喜欢设计，父母却让他找一份安稳的工作，大学时，只好选择了一门自己不喜欢的专业，毕业后回到家乡当了一名公务员。

朋友是家里的独生女，大学和一个喜欢的男生谈恋爱，毕业后俩人想结婚，但因为两人的家乡，一个南方一个北方，父母以男生家太远为由，死活不同意他们俩结婚，最后只好不了了之。

还有个朋友喜欢音乐，弹的一手好琴，唱的一嗓好歌，可毕业后，独自北漂，迫于生计，只好找了一份自己不喜欢的工作。

每每我们聚会，大家都是一句话，非常不喜欢自己现在的生活，但是又无能为力。

人生痛苦，莫过于此。

回想自己来时的路，我很庆幸，自己始终按着理想的样子活着。小的时候，有一个侠客梦，所以后来一直行走四方，走南闯北，浪迹天涯；高中的时候，喜欢一个女生，因为喜欢，一直坚持了四年，四年时间里，只要想想她就已足够；大学的时候，喜欢折腾，于是游学、兼职、创业、公益，想做的事都在做。

而现在的我，二十八岁，依然按着自己的想法活着，依然坚持着内心的理想，依然活在梦里和梦外，梦里是我自己构建的一方江湖，每年寒暑假和朋友四处流浪，做着自己喜欢的事，去到自己想去的地方。而梦外是现实，朝九晚五上班，开着一个小店，有一个公益组织，还有一家叫作梦想工场的教育公司。

我希望五年后，我依然如此，为自己活着，继续做梦，成为自己喜欢的样子。

二、活在当下，继续浪漫下去

前两天在微信上，看到一篇文章《如果再回到 10 年前，你想要自己懂得什么？》，作者 Philip Gu 在自己 160 个 30 岁的好友和熟人里中做了一个调查，在调查中，他问了两个问题：

1. 相较于 10 年前，你 20 岁的时候，你认为现在的你，拥有了更多的＿＿＿＿＿？（这里指的是非物质层面，所以不要说我"相比以前衣服鞋子更多")

2. 相较于 10 年前，你 20 岁的时候，你认为现在的你，拥有了更少的_____？（同样指的是非物质层面）

最后得到五个答案。

30 岁的自己和 20 岁的自己的区别主要在于：

多了更多的信心，少了更多的闲暇时光。

拥有了更多的耐心，少了更多的活力和健康。

收获了更多的爱与责任，失去了更多的朋友和友谊。

增强了独立思考能力，却少了奋斗的勇气。

收获了更多的自由和无聊时光，少了一颗好奇之心。

文章的末尾还告诉我们，如果你还在奔三的道路上行走，那么恭喜你，你还有很多机会；如果你已然步入了三十的行列，也没什么大不了，继续努力去尝试新鲜的、以前想做却未做过的事情，更精彩的永远还在前头。

看了这篇文章，我惊讶的发现，上面的五句话里十样东西，今年 28 岁的我，基本都具备，信心、闲暇时光、耐心、健康、爱与责任、朋友和友谊、独立思考能力、好奇心，除此之外，我还有梦想和信仰。

于是我在思考，十年后，那时我刚好 38 岁，是青年和中年的过渡阶段，如果让我写一段话送给十年后的自己，我最想对他说些什么？而我又最希望十年后的自己是什么样子？

思前想后，想说的太多，如果只能说一句话，那我希望这句话是：活在当下，继续浪漫下去。

因为我希望十年后的我依然和现在一样，有梦、惜福、保持初心、多情和浪漫。

我为什么希望十年后自己的状态是活在当下，继续浪漫下去？

记得有一次和一群朋友坐于江边席地听风聊人生，席间有一个姐姐问了一个问题，她说，你们说我们人最害怕的一个字是什么？大家轮流回答。大家思考半天纷纷作答，不出所料，回答最多的两个字是一个死和一个老，轮到我时，我说生死有命，老是必然，我都不害怕，我最害怕的是一个等字。

大家都在等，等有空，等有时间，等有金钱，等有能力，等将来，等明天，但是没人等现在。

我们最错误的地方就在于等，在于把生活寄希望于未来而不是现在，我们希望明天有所改变，我们希冀未来更美好，而不是尝试着在这个当下，在此刻，在现在，让生命自己做主。

年轻的我们除了时间以外，一无所有。所以尽可能的把生命所有的时间都留给那些重要的人或事。别被生命中那些我们不知道的事或者没有发生的事给拴住了内心。

活在当下，珍惜生命中的每一个片刻，踏踏实实地过好生命中的每一天，为自己的梦想付出每一份努力，用心活着，在有限的生命时光，活出自己最大的可能，我们才能不辜负此生。

人说最美的时光是在路上，最好的年纪是在二十多岁，其实我想说，最美的时光和最好的年纪，不在远方，也不在任何年纪，而在我们当下活着的每一刻，每一年，每一个时间。

享受生活，活在当下，无论何时何地。

一直以来。朋友都说我是一个懂得浪漫之人，可何为浪漫？浪漫就是用一颗温柔多情的心去对待无聊的岁月，时刻保持好奇和感动。

像小孩子一样走路，和老去的父母撒娇，躺在屋顶看星星，带着爱人坐旋转木马，在春天的田野里撒欢，赤身裸体下河游泳，兴头来时到一个陌生的城市看望许久未见的朋友，这都是浪漫。

浪漫是一种诗情画意，是把生活活出山清水秀，浪漫之人永远不会对生活失去希望和感动。

不管多少年，我都希望自己永葆一颗浪漫之心，好好活着，活在当下，继续做梦。

后记 | 愿你也能过自己想要的生活

　　从想写此书到写完此书，我用了近三年时间，这三年无疑是对自我人生一场由外而内、由远及近的梳理。

　　我用笔沿着来时的路，一点一滴的回忆、反思、记录。从2008年我离开家乡走到外面的城市读书学习直至工作，十年时间里我始终坚持活在梦里，或悲伤或开心，都值得庆幸。

　　从2010年我开始在全国各地的大学游走，到如今每年发起"在爱中行走"大型心灵公益成长项目，这几年我面对无数年轻的大学生，他们都和我一样，在尘世里努力要成为自己。只是在当代的大环境下，刚刚踏入社会的我们不知所措。

　　我们都遇到过坎坷、困惑、迷茫、离别、孤独和曲折，因为我们都是一样的人，只是生活在不同的地方。我们都在人生的这趟行旅中跋涉着自己的漫漫人生。也许唯一不同的地方，只是梦想和经历。

　　记得有一次和朋友苏乞儿聊天分享目前大学生的现状和我发起的"在爱中行走"项目，她说，对于当代年轻人来说，你是一个追求梦想的榜样，如果能把你这些年的所思所想和追梦路上的故事写下来，也许能鼓舞更多年轻人。

　　我想了想，对哦，对于没能参加我们活动的人来说，书无疑是一个传递活动和思想的窗口。

由此，这本书进入写作阶段，我拿梦想做引子，以成长作为粮食，在自己人生的荒野里思来想去，寻找那些关于青春、关于成长、关于奋斗、关于颠沛流离的故事。

我出生农村，父母是地地道道的农民，我羡慕人家出生就含着金钥匙，而我含着几颗大米。

小时候调皮，所有人都说我读不了大学。质疑、嘲笑、打击包围着我，我没有放弃自己，于是读了大学。

上大学去了一所二三流学校，身边都是一群整天无所事事、觉得未来没有希望的同学，我羡慕211、985的学生。迷茫、困惑、没有方向包围着我，所有人都说，大学就这样了，我没有放弃自己，于是我去把985和211读了一圈。

工作的时候，找了一份不喜欢的工作，羡慕人家高薪，又不愿意让父母安排，所有人都说，等有能力了，才能实现梦想，认命、信命、不可能包围着我，我没有放弃自己，于是自己走马江湖，过上自己喜欢的生活。

这些年走南闯北，当过乞丐、洗碗工、流浪汉、摄影师、培训师，乞讨过，化过缘，流过浪，卖过唱，开过公司，破过产，出售过梦想，不管生活变成什么样，我始终没有放弃自己。

我今年29岁，用朋友的话说，我活了几辈子，把别人几辈子要做的事做完了，回首来路，内心也有许多话想说，于是写下这本书。

这本书从自己的软肋——父母起笔，历经亲情、爱情、友情、工作再加上人情，不写风花雪月，只写人间烟火，不谈家国大事，只讲人生大梦。

希望书中的故事让每个流浪在外的人，找到一条回家的路；让每个在都市里孤独的人，不再孤独；让每个在青春里浑浑噩噩的人，看到希望；让每个心怀梦想的人，找到同类；同时也让每个执著爱情的人，相信爱情。

一直以来，因为性格的原因，很多感谢的话，对身边至亲之人总是难以启齿，今天借此书出版之际略表感谢！

这本书能够出版，离不开我的团队和朋友苏乞儿，是她孜孜不倦地鼓励着我，没有她，就没有这本书的面世。在此谢谢大家陪我一起在过去的岁月里相互陪伴和奋斗。

其次是感谢我家妞儿，在我写这本书的时候，几易其稿，改稿的过程中很容易焦躁，是你一直给我鼓励，谢谢你忍受我的暴脾气。

按理说最应该感谢的人应该是我的父母，有他们才有我，但是感谢的话说太多，太过矫情。

我是一个极其幸运的人，如今能一步一步在梦想的道路上前进，离不开生命中遇见的那些帮助过我的人，我的老师、同学、朋友，没有大家的帮助，就没有何东今天，再次谢谢大家，愿大家喜乐安康！

最后感谢简爱基金、Newth、新青年、梦想工场和在爱中行走项目的弟弟妹妹，谢谢你们陪我一起疯，谢谢你们陪我在青春里折腾。

这些年，我一直在梦想的路上前行，在追逐梦想的过程中，遍尝人生百味，酸甜苦辣，被质疑、被打击、被嘲讽、被不理解，所有的这些，其实都不是最痛苦的。

对于追逐梦想的我们来说，最痛苦的事，莫过于孤独。孤独，是一种病，病入膏肓，则难以坚持。

我们都是同类，如果你仍然在梦想的路上，那么我们就在一条关于梦想的船上，希望如今上岸的我，能陪你坚持走一程。

出书、开公司、开青旅、做全国最大的青年成长平台和青年社群，去世界各个地方……如今我一一实现着自己的梦想，所以希望你也能实现。

我坚持着自己的梦想，希望你也能坚持。

这世界不缺快乐，只是你没有找到快乐的活法而已，这个世界不缺知己，只是你没有尝试寻找而已。

现在说些和梦想有关的事，如果你愿意，请和我一起玩。

（一）梦想葫芦

杨过和郭襄有三枚金针之约，何东有梦想葫芦，如果你看了我这本书，如果里面有那么一句话，触动了你，希望你在我的微信公众号"梦想杂货铺"，写下关于梦想的评论或留言和我沟通，我也会经常选一些朋友，给您邮寄我的梦想小葫芦，收到梦想葫芦的朋友，我可以帮你完成一件力所能及的事或帮助你实现一个力所能及的梦想，

君子一诺，十年必践。

（二）梦想交换

能出这本书，是我的梦想，现在能实现这个梦想，少不了朋友的鼓励和帮助，你的梦想是什么？已经实现了吗？你愿意和我一起给那些正在追逐梦想的人一些鼓励吗？坚持是一种力量，让我们一起把梦想的力量传递下去。

关注我的微信公众号：梦想杂货铺。说出你已经实现的梦想，比如你的梦想是当老师，现在成了老师，你可以拍一张你在讲台上的照片发给我，然后和我说出你追逐梦想的故事，我会选择一些梦想，进行分享，分享后给你寄一本我的书，我们俩进行梦想交换。

有梦想的人是孤独的，愿我们能彼此温暖。

（三）梦想成真

这个世界很孤独，也有很多不为人知的感动，在我追逐梦想的路上，曾有很多人帮助我，这一次希望我能帮你。

2016年1月，朋友的伯父70多岁了，他的梦想是在有生之年能把自己写到一半的诗集集结成册。于是我找了一些朋友，一起整理老伯父的诗集，设计、编辑、找印刷厂，最终帮朋友的伯父完成梦想。

还有一个陌生的朋友，在我微信留言，说他在国外读书，已经很久没有给在国内读书的女朋友情人节礼物，希望今年情人节有人能替他送女朋友一束花，于是，我找到一个在女孩读书城市的志愿者，情人节当天买了一束花，以男孩的名义给了女孩一个惊喜。

我曾帮一个和我一样出生在农村，但很努力、很善良的学生，买了一个手机送给他过生日的父亲。

还有两个孩子，是大冰的读者，他们的梦想是去看场大冰和他朋友们的演唱会，但是买不到门票，于是，我找演唱会组委会，发私信，关注门票转发信息，最后买了两张门票送给他们。

所有的所作所为，不是标榜自己多慷慨，只是希望，在这个冷漠的社会，多一点人情味和温暖，我希望每个人都能坚持自己的梦想和实现自己的梦想。

今年3月，我和朋友发起"梦想基金"计划，就是想为一些坚持在梦想的道路上的追梦者，去帮助他们实现梦想或推动他们的梦想。

关注新浪微博"作家何东"，在我置顶的微博下转发留言，说出你的梦想，转发带话题＃梦想成真＃的微博并＠我，我会找一些能帮忙实现的梦想，去帮助你实现。我们集梦想的力量，去推动他人的梦想，去温暖他人，希望温暖我的故事，也能温暖你。

（四）梦想树洞

你的梦想是什么？有人倾听你的梦想吗？能和我说说吗？关注我的微信公众号：梦想杂货铺。在菜单栏点击"梦想树洞"悄悄的和我说一说你关于梦想的故事，我会在里面选择一些有意思的人加好友，如果聊得来，我会去到你所在的城市，请你吃饭，陪你喝酒，听你说故事，或者请你来到我的城市，我视你为最熟悉的陌生朋友。

（五）梦想部落

你孤独吗？在梦想的路上你还能坚持吗？想找一群和你一样的人陪你同行吗？梦想部落，年轻人的梦想社群，我们在这里等你，群里会定期举行线下聚会，会发起关于梦想的旅行，会推荐很多好书和好文，关注我的微信公众号点击菜单栏上"梦想部落"，赶紧加入我们的江湖。

愿你单枪匹马闯荡世界的时候，有那么一群人站在你的身后，给予你支持！

最后，大胆做梦吧，我的小伙伴们，趁还年轻，趁时光正好，趁我们还有做梦的勇气，大胆的往前走，去追逐自己的梦想。

如果有一天你把自己丢了，没关系，来我这里看看。

我有一间杂货铺，里面有青春、有旅行、有梦想，有爱情、有音乐、有诗、有酒、有肉、有公益、有快乐，有故事，还有远方。

书里是一个江湖，若有幸我书里的某个江湖和你结缘，期待有朝一日，我们在现实的江湖再见。

　　祝你在人生的江湖里行走之时，有梦为马，随处可歇，愿你能实现自己的梦想，愿你活成自己想要的样子，愿你也能过上自己想要的生活。

　　最后送你诗一首：我有梦想卖，世人晓得否，一元人民币，给你一葫芦。

何东

2018 年春天 于湖南长沙

谢谢你读完这本书，
谢谢你来到我的梦里，
很高兴能以这样的方式路过你的生命。

愿你也能过着自己想要的生活
有酒有肉有人爱，
山长水远，我们江湖再见。